2014年度

浙江省风景园林学会　编

浙江省优秀园林工程

获奖项目集锦

浙江摄影出版社

浙江省风景园林学会

《2014年度浙江省优秀园林工程获奖项目集锦》编委会

前排从左到右：冯祥珍、王振俊、周慕真、林福昌、施奠东、张延惠、金石声、施德法
后排从左到右：徐剑、高姣英、陈航、王彭伟、陈林、钱小平、包志毅、张晓明、唐宇力、蔡晓彤、邱希阳

编者按

2014 年的评优工程总结了以往七年评优工程的经验，进一步完善了《评选办法》和《实施细则》。7 月，组织开展了 2014 年度浙江省“优秀园林工程”奖的评选活动，通过企业申报、各地学（协）会推荐、专家初评和终评，并通过“浙江省建设信息港”公示，最后确定“杭州江干区皋亭千桃园工程（古埠村韵标段）”等 177 个项目分别获得 2014 年度浙江省“优秀园林工程”奖的金、银、铜三个奖项。

为进一步促进相互学习、共同提高，根据申报单位和会员单位的要求，浙江省风景园林学会联合浙江摄影出版社，组织编印了《2014 年度浙江省优秀园林工程获奖项目集锦》宣传画册，公开出版。画册从每个项目的工程概况、工程特点、技术措施及工程照片等角度，图文并茂，较好地反映了这些获奖项目的设计、施工、监理、养护管理水平，体现了现代园林绿化营造手法和传统园林艺术理念的有机结合；工程质量上都较去年有明显提高，新技术、新材料、新工艺的应用也较为普遍；更加突出的是表现在盐碱地土壤改良技术已日益成熟，大苗移植技术运用到位，普遍达到高成活率；注意到园林植物的多样性，努力进行新品种引进，硬质景观施工更加精细；道路山体生态重建技术又有提高；节约型园林的原则得到普遍重视；另外，设计人员参加施工全过程是不少施工单位做好项目的成功经验之一。

本次“省优秀园林工程奖”的评选，将为我省园林行业施工质量和养护管理综合水平的提高、促进行业内的良性竞争起到进一步的推动作用。尤其是由我省园林绿化施工企业在外省承建的工程项目，更是成为当地园林企业学习的标杆工程，为我省园林绿化施工企业树立良好的企业形象，使浙江园林在全国范围内的社会知名度显著提高，为更好地“走出去”，有更大的发展奠定了坚实的基础。同时，画册的出版也为今后浙江园林行业的设计施工提供了参考依据，为进一步研究浙江园林提供了基础素材；也激励广大风景园林巨匠名师，把园林绿化技术精华，一点一滴地记录下来，让宝贵的非物质文化遗产传承于世，为丰富传统文化宝库做出贡献，为建设美丽浙江、美丽中国做出贡献。

本次评优活动得到了浙江省住房和城乡建设厅领导的重视和关心，同时也得到了各地市园林行业主管部门、各市学（协）会、各位专家，以及广大会员单位的大力支持，才得以圆满完成，在此表示感谢！

由于编者水平有限，不妥之处，恳请各位领导、专家、学者和广大读者批评和指正。

2014 年 12 月

目 录

金奖（排名不分先后）

银 奖（排名不分先后）

铜 奖（排名不分先后）

杭州江干区皋亭千桃园工程（古埠村韵标段）

建设单位　杭州市江干区绿化委员会办公室
设计单位　浙江省城乡规划设计研究院
施工单位　浙江伟达园林工程有限公司
监理单位　杭州天恒投资建设管理有限公司
起止时间　2011 年 11 月 18 日至 2012 年 12 月 20 日
工程造价　3210 万元

工程概况

皋亭千桃园位于杭州市江干区丁桥镇皋城村，南临上塘河，北靠金龙路，西至东风港路（规划中），东与余杭区接壤，古埠村韵标段施工总面积 86188 平方米，其中绿化面积 54302 平方米，古建筑面积 84 平方米，水体涉水面积 10000 平方米，栽植水生植物 2827 平方米，园路、铺装面积 11802 平方米。土方工程包括水系、基础土方开挖 32000 立方米，挖淤泥外运 30000 立方米，土方回填 65000 立方米；绿化部分包括栽植香樟、桂花、枫香等大小乔木 10723 株，栽植春鹃、红花檵木、南天竹等灌木 36475 平方米，铺设草皮 15000 平方米，红花檵木球、杜鹃球等球类植物种植 1575 株，慈姑、水葱等水生植物种植 2827 平方米；土建部分包括机动车停车位 33 个、非机动车停车位 633 个、1.2 米宽园路 65 米、2 米宽园路 910 米、2.5 米宽园路 136 米、4 米宽园路 1200 米、坐凳 19 张、景墙 1200 米、自然石驳岸 1800 米、景石 7000 吨、牌坊 1 座、广场铺装 3800 平方米、平桥 2 座、拱桥 6 座、石板桥 5 座、木桥 1 座。

工程特点

江干区皋亭千桃园工程（古埠村韵标段）是一座以上塘河旅游线为依托，以“桃”文化为景观特色，集休闲、旅游、观光为一体的城市综合性公园，与皋城村相连。此工程把主入口休闲广场、主题活动广场、桃艺商街、水上活动区、园林景观带等景观融为一体，以正气坛、柳翠亭等文化纪念小品作为点缀，突出“文化桃园”的主题。为了确保公园内部交通的连贯性和游览趣味性，园区内共设置桥梁28座，其中新建26座，原有桥梁进行改造2座，主要形式为三孔桥、单拱桥、石板桥、木桥。景观按照“一轴三区十八景”的平面布局方案，以自然、绿色、生态、传统为主旨，兼顾环境改善和休闲功能。广场铺装选用质地粗犷、厚实、线条较为明显的乡土化石板，再以黄锈石花岗岩铺地作为点缀，灰色花岗岩进行收边，形成强烈的材质对比。粗大、厚实、线条较为明显的材料，往往使人感到稳重、沉重、大气的感觉。在清净、淡雅、朴素的林间小道用线条较为明显的石板，作为主要游步道，在古建筑庭院周边的小空间采用精细的材质铺装，给人轻巧、精致、柔和的感觉。

千桃园

本项目获得2014年度浙江省“优秀园林工程”金奖

申报单位：浙江伟达园林工程有限公司
通讯地址：杭州市萧山区兴九路178号
邮政编码：311202
联系电话：0571—82381097

技术措施

1. 土方部分。利用现代造园手法，通过挖除原有淤泥、回填种植土进行地形改造，力求土坡造型大气、线条融合、起伏自然，准确地把握好每处坡面垂直走向和水平走向，创造出自然舒缓的坡形、起伏不一的高差美感，最终通过努力，顺利地调整好斜坡，并以大气舒展、线条流畅的实景效果为铺设园林景观奠定了良好的基础。运用自然的水景和桃树群落等景观因素，体现公园的自然环境基调，森林的林荫覆盖和层次的起伏给予人们多变的空间参与性和视觉美感。

2. 自然式水系景观。水系施工为重点部分，水系旁的景石布局，有时三五成堆，有时独自成景。虽然景石是表现水系自然景观的关键要素，但若缺乏植物的陪衬与提炼，实景效果将显得单调而生硬。为此，学习周边成功案例的栽植手法，确立利用植物生物技术和水系循环过滤系统结合改善水系水质的构想。在水系旁叠石边栽植亲水植物，如再力花、蒲苇、黄菖蒲、野茭白、香蒲等植物，在水面栽植荷花、睡莲等挺水植物，而在水底栽植了沉水植物，主要有黑藻、菹草、苦草等，发挥着净化水质的重要作用，营造了野趣横生、自然和谐、恍若隔世的原生态效果。

3. 植物配置。采用“四季常绿，四季有花”的原则进行合理配置，原有大面积绿化及乔木基本保留。公园以植物造景为主，通过采用香樟、桂花等常绿树种及亚乔木、灌木、草坪多层次搭配，重点突出“桃”文化的景观特色。桃树品种以蔷薇科桃为主，结合桃文化陈列馆及桃艺街，因地制宜种植观赏桃和果桃，形成以桃为主、多层次的观赏效果。增强公园绿化空间的层次，使完整连续的绿带既有统一的整体面貌，又有层次分明、富有变化的节奏感，以重点突出公园景观的视觉效果。

杭州江干区皋亭千桃园工程（田园养生标段）

建设单位　杭州市江干区绿化委员会办公室
设计单位　浙江省城乡规划设计研究院
施工单位　杭州中艺园林工程有限公司
监理单位　杭州天恒投资建设管理有限公司
起止时间　2011 年 4 月 1 日至 2012 年 12 月 20 日
工程造价　1654.14 万元

工程概况

皋亭千桃园工程——“田园养生”标段位于杭州市江干区丁桥镇皋城村，为皋亭山景区的重要组成部分。东至天都城、南临上塘河、西至规划天秤路、北临天鹤路，绿地总面积 68000 平方米。施工内容主要包括土方造型、苗木种植、水生植物栽植、时花和苗木迁移、水系、驳坎、叠水、园路铺装、门楼、观沧亭、路亭、栈道、景观小品、景观桥、沥青道路、水体清淤、车行道路、停车场等，为一个综合性公园景观绿化工程。绿化部分种植落叶乔木及亚乔木共计 1884 株，其中桃树 350 株；常绿乔木及亚乔木共计 7827 株，其中珊瑚绿篱 6688 株；红花檵木、杜鹃、金森女贞、南天竹、金边黄杨等灌木 18774 平方米；细叶芒、大吴风草、常春藤、扶芳藤等地被植物 18990 平方米；建成大小桥梁 9 座，廊架 2 座，入口照壁 1 面，路亭、门楼及观沧亭各 1 座；各类园路铺装 10277 平方米。

工程特点

江干区皋亭千桃园工程，是以“桃”文化作为景观特色，是集休闲、旅游、观光为一体的市级城市综合性公园。

此工程在绿化上按照“四季常绿、四季有花”的原则进行合理配置，原有的大面积绿化保留。公园以植物造景为主，通过采用香樟、杜英、桂花等常绿树种及灌木、草坪等多层次搭配，重点突出“桃”文化的景观特色，应用寿白桃、菊花桃、紫叶桃、洒金桃等 10 种品种，形成以桃为主、多层次的观赏效果。

园内廊、亭、转角处、水滨前的景石铺设、色叶乔木的选择和周边环境契合自然协调，浑然天成，充分体现了植物造景的艺术性。园内观沧亭及廊架等设置因地制宜，布局合理，通过精致园路、优美植物造景的方式，与其他景观节点很好地进行了衔接与融合。

硬质铺装根据各景观节点的设计，采用芝麻白、芝麻灰、黄锈石等花岗岩铺设。在铺设前，对花岗岩异型材料采用加工厂红外线切割，以增加加工精度，有利于铺设和施工；在铺装过程中严格控制混凝土垫层的平整度及水泥砂浆的密实度；养护期间引入成品保护概念，从而使铺装达到精美的效果。

苗木、地形、驳岸等施工通过自然之曲线、地形之起伏、水面之动静、草木之情趣，共同形成了此地块得天独厚的园林景观。

严格的质量要求及高效的施工管理使得江干区皋亭千桃园景观工程真正成为杭州的“世外桃源”。

思古橋

本项目获得 2014 年度浙江省“优秀园林工程”金奖

申报单位：杭州中艺园林工程有限公司
通讯地址：杭州市江干区九堡镇九盛路 9 号
邮政编码：310019
联系电话：0571—86944401

技术措施

1. 土方造型和回填方面

土方运输和回填。本工程为改建项目，现场地形及景观均有部分保留，为避免破坏保留区域的景观，施工前根据竖向设计的要求和施工现场的实际情况，合理确定填土石方的控制范围，确定好土方机械、车辆的行走路线，编制详细土方运输计划。按土方运输计划组织劳动力、机械，派专人负责。

土方造型、微地形处理。根据现场情况来看，道路两边的积水现象比较严重，草坪区域内也有淤积现象。采用小型机械粗整、人工细整的施工方法营造出与周边的景观相衔接的地形环境。对表土进行全面翻耕，碎砖瓦和石块、混凝土构件、木制品、不易腐烂的塑料制品、沥青制品、玻璃、小铁器等清理出场。

2. 园林铺装工程、木结构工程施工方面

木结构工程。现场木亭及木桥已经严重腐朽，因此制作木结构用的板、方材采用干燥且防腐的成材，采用场外制作。按设计要求的尺寸，预留干缩量，横竖堆放均应垫木置平，防止构件翘曲变形。

园路、铺装工程。园林铺装工程中的重点是花岗岩板材的铺设，难点是花岗岩异型材料，则采用加工厂红外线切割法，以提高加工精度，有利于铺设和施工。

3. 绿化工程施工方面

为了使新增苗木品种配置与保留苗木品种相衔接，新种植苗木规格宜大于保留苗木一个规格，且严格控制修剪量以使苗木成活进入正常生长期后与原有苗木在规格上相一致。

根据工期的要求，合理地选择苗木最佳移植时间，以确保成活率。反季节种植时，乔木和灌木的挖掘和栽植一般选择阴天或小雨或晴而少风，且气温相对低的天气进行。

4. 园林景观置石施工方面

置石的布局主次分明、高低起伏、顾盼呼应、疏密有致、虚实相间、层次丰富、以少胜多、以简胜繁、小中见大、比例合宜、假中见真、片石多致、寸石生情。

5. 给水工程施工方面

使用的材料、设备制品的规格以及质量应进行检查。管道和设备安装前，清除内部污物和杂物，安装中断或完毕时，敞开处应及时封闭严密，以免管道堵塞。熔接施工应严格按规定的技术参数操作，在加热和插接过程中不能转动管材和管件，直接插入，正常熔接在结合面有一均匀的熔接圈。管件安装应坚固、严密，与管道中心在一条直线上；阀门及喷头安装前应检查清洗，安装时方向、高度准确，操作机构应灵活。隐蔽管道在隐蔽前，进行试压，需防腐的必须采取防腐措施；管道使用前必须进行冲洗，管道外部应进行清理。

6. 水体清淤方面

现场水体主要清理部分杂草、垃圾漂浮物、池底淤泥等，因此先人工清理掉杂草、垃圾漂浮物之后，再进行池底清淤。

金
优秀园林工程

杭州江干区皋亭千桃园工程（桃源水乡标段）

建设单位　杭州市江干区绿化委员会办公室
设计单位　浙江省城乡规划设计研究院
施工单位　杭州萧山凌飞环境绿化有限公司
监理单位　杭州天恒投资建设管理有限公司
起止时间　2011 年 11 月 18 日至 2012 年 12 月 20 日
工程造价　1461.54 万元

工程概况

皋亭千桃园工程（桃源水乡标段）位于杭州市江干区丁桥镇皋城村，工程总面积为 68000 平方米，其中水系面积 21000 平方米。施工内容主要包括土方造型、绿化种植、广场园路铺装、挡土墙、廊桥、步云桥、玉柱桥、问津桥、平桥、望月亭、门楼、景墙、木栈道、停车场、景石等。

工程特点

工程在原有的自然丰富的景观基础上，充分依托原有的山体，巧妙构思，保留地段内原有地貌，结合水体的合理改造，利用皋亭千桃园湖面周围原有水体和水系，使之与现有水面相连，并加以连通，在整个皋亭千桃园内形成不规则水系并与周边水系连通，形成皋亭千桃园内脉源贯通的完整的山水格局。在局部调整上，采用大面积土方开挖及清淤工作，并结合绿化种植的方式，在皋亭千桃园区域内形成了桥连路、路临水、水枕桥的组结方式。水系和驳岸及岸缘绿地共同组成了一个完整的景观布局。望月亭和步云桥及整个自然的水面采用半围合的方式构成了景观总体布局。在这一半围合空间中，利用空间要素，以自然水面为中心形成“核心面——核心线——分散点”的景观营造手法，达到了一个山水叠翠、林木葱茏的空间环境效果。在不同的空间体验中，结合园路的布置，创造出一个个或清幽、或雅致、或活泼的独立景观区域，空间和空间之间相互渗透，空间与自然环境相互交融，绿地与水岸因没有障碍物的遮挡，造成景观视觉上的通透，从而把桥岸的四季景观纳入游客的视野范围内。加上皋亭山的大环境背景，更加丰富且提升了皋亭千桃园原本的景观内涵，从而形成个性鲜明、层次丰富的综合景观环境。四季变换之中，绿地的时花、水中的游鱼、停栖在树上的水禽形成了一种动态的且极其富有生命力的景观，展示出春花烂漫、夏荫浓郁、秋色斑斓、冬景苍劲的四时景象。

本项目获得 2014 年度浙江省“优秀园林工程”金奖

申报单位：杭州萧山凌飞环境绿化有限公司
通讯地址：杭州萧山经济技术开发区建设四路 88 号
邮政编码：311215
联系电话：0571—22809805

金

优秀园林工程

杭州市天子岭垃圾填埋场臭气治理工程（绿化二期）

建设单位 杭州市固体废弃物处理有限公司

设计单位 浙江农林大学园林设计院有限公司

施工单位 浙江伟达园林工程有限公司

监理单位 浙江天成项目管理有限公司

起止时间 2009年9月15日至2011年5月27日

工程造价 1012.7万元

工程概况

天子岭垃圾填埋场臭气治理工程位于杭州市天子岭垃圾填埋场内160米高程位置，绿化总面积84380平方米，主要以生态公园及城投园林两大块组成。工程内容包括种植土工程、硬质景观、苗木种植工程、水电工程、边坡复绿工程。

工程特点

本项目以实现国内第一座在垃圾堆体上建成的生态公园为目标；在碎石上面铺设了膨润土垫和 1.5 毫米厚的 HDPE 防渗膜，有效阻止了垃圾堆体臭气向空气的散发和滤液对土壤的污染。

在国内首次尝试在垃圾堆体上进行较大乔木灌木的种植和群落配置，并获得了很大的成功；采取雨水为主、自来水为辅的苗木初期养护供水策略，综合利用场地原有废弃及天然水池，使之贯穿成为节约型园林建设的又一亮点。

品质杭州

本项目获得2014年度浙江省“优秀园林工程”金奖

申报单位：浙江伟达园林工程有限公司
通讯地址：杭州市萧山区兴九路178号
邮政编码：311202
联系电话：0571—82381097

技术措施

1. 竖向布局

由于用地范围内有一定的坡度，高差富于变化，为了保证场地及时排水的需要，需进行地形处理，以达到景观要求；采取平衡土方的手段，以减少工程量，同时兼顾景观视线和道路空间类型的需要。为了满足植物生长的需要，依据现有地形情况，并根据排水、堆体稳定、景观等原则，特别需要对垃圾填埋场地进行地形设计和改造，压实垃圾和渣土。根据生态恢复和营造植物多种生境类型的目的，结合垃圾山覆土措施，调控垃圾山的外观形态、高程和坡度，以利于植被的生长恢复和良好景观的形成。

2. 植被恢复技术

（1）多种生境的营造。利用垃圾山高程的有利条件，将其作为绿地整体景观构建的骨架，适应原地形。在设计中，重点调整坡度和地表形态。在覆土的过程中，合理安排分水线和汇水线，并使坡度趋于平缓，既满足自然排水的需要又避免过大的地表径流，且创造植物生长适宜的生境，有利于整体造景的需求。在平坦处，适当挖掘排水沟，增加排水能力，降低积水现象。通过地形的调控，形成了坡度、坡向和土层厚度等多种类型并存，斜坡、平坡和凹凸地表丰富的多样地貌，并局部保留利用低洼地段，共同构成生境多样的景观。

（2）覆盖种植土。根据有关终场覆盖处理规定，同时参考植被的成活率和生长速度与土壤的肥沃和贫瘠、水分的充足和缺乏等多种因素，以及基地现状三面临山，山体构造为石英砂岩和粉砂质页岩，土层较薄等多种因素，并综合考虑到治理投资和经济效益等问题，在垃圾覆土的基础上另覆60至120厘米客土，客土中添加一定含量的污泥，改善客土的营养条件。此外，采用防渗膜完全隔离填埋的垃圾和上层表土，对于其产生的沼气进行收集并焚烧发电，同时也避免渗滤液外溢污染土壤，这项措施很好地保障了封场上种植土的质量，从根本上为植物的生长创造良好的环境。

（3）植被选择与群落配置。场区内不同的区域采取不同的绿化方式，入口处可以采用规则式的绿化，适当布置一些疏林草地和林荫休憩地。主景点的植物种植设计，则精心配置，充分考虑植物材料和景区主题、功能和造型的吻合。在游人可望而不可即区域的林地则应制定高密植的森林经营方案，采用高大的乔木，成片、成丛和成带状栽植，如选用珊瑚朴、湿地松、刺槐以及壳斗科的一些常绿乔木。在植物景观变化中求得韵律和节奏感，既可形成优美的林冠线和天际线，又可丰富景区的林相和季相变化。

3. 边坡复绿技术

边坡由于受地形限制，故在绿化中选择地被植物为主要种植材料，坡面种植易成活、抗性强的草本和地被植物以及攀缘藤本，坡顶可种植乔灌木。同时，注重观赏性，采用横向、纵向构图，依照地形，自然式种植灌木、攀缘藤本等；另可较多地种植藤本、草本、草花等，整体构图力求景观效果的自然规整、富于变化；舒缓的边坡，种植兼有生态改良和景观效果的植物。注重植物的层次感，乔木、灌木、草坪合理搭配。

4. 雨水利用技术

场地分布不均匀，而绿化面积最大的封场所在位置较高（海拔160米），因此植物的养护用水是个必须考虑的问题。采用雨水为主，自来水为辅的供水策略，引入自动控制技术，综合利用场地原有废弃水池和天然水池，节约工程投入量和资金，产生极大的示范和榜样作用。

金
优秀园林工程

昆仑公馆景观工程

建设单位　杭州昆仑之都房地产开发有限公司
设计单位　杭州原田华建筑景观创意咨询有限公司
施工单位　浙江诚邦园林股份有限公司
监理单位　浙江腾飞工程建设监理有限公司
起止时间　2012 年 6 月 1 日至 2013 年 12 月 31 日
工程造价　2197.16 万元

工程概况

昆仑公馆景观工程位于杭州市拱墅区长板巷 99 号，总绿化面积 13000 平方米，水系面积 2366 平方米，采用东方洄游式庭院造景手法，以曲池为纽带，围绕蜿蜒水系，树木繁盛。设置有枯山水、茶亭、金鼎桥和樱花林等东方皇室庭院特点，种植了胸径均在 80 厘米以上的名贵大香樟，并引进了日本进口的造型黑松和槭树。工程施工内容包括土建工程、土方工程、苗木工程、安装工程等。

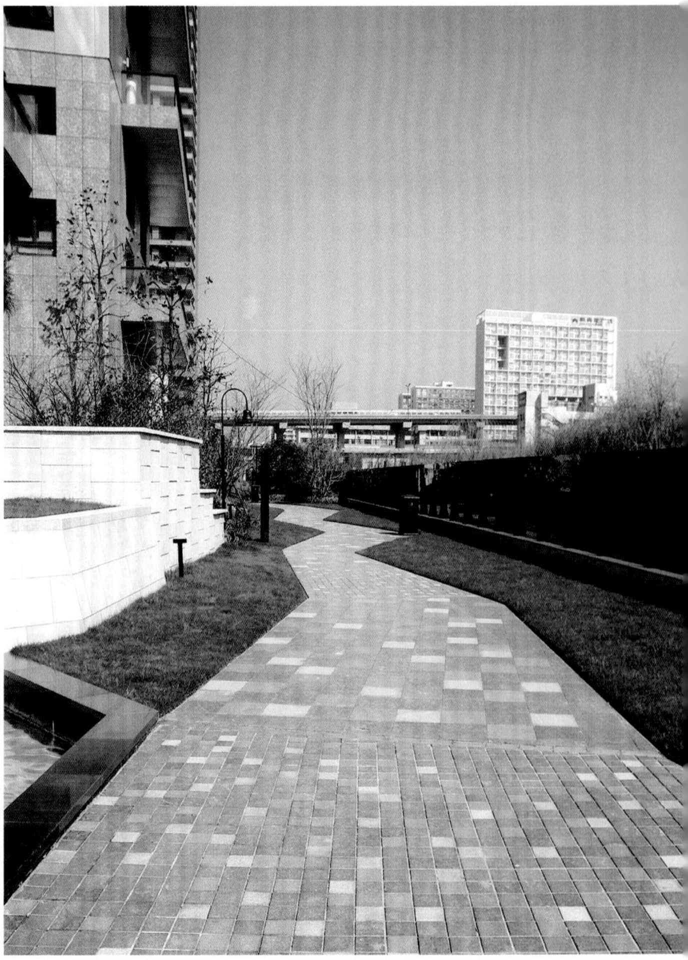

工程特点

围墙主要采用黄锈石贴面，与整个建筑颜色相协调；景墙采用多种形式：混凝土景墙、毛石景墙、砖砌景墙；消防通道采用部分隐形方式，下铺植草格，回土后植草复绿；不规则园路是最大的特点，打破传统规则式布局模式，同时又区别其他居住区的不规则模式；中心景观水系贯穿园区，水系周边植物配置丰富、组合优美，营造舒适宜人的生活环境。

本工程中间绝大部分需要填土造型的区块下面是车库顶板，施工过程相对复杂，施工操作及工作量相对较大。

按建设单位景观提升的要求，在苗木的规格、配置的数量和多样性上都有非常明显的提高。

较好地完成了小区内的庭院灯、草坪灯、地埋灯、给排水管道等的安装工程。

崐崘
公館
KUNLUN MANSION

本项目获得 2014 年度浙江省“优秀园林工程”金奖

申报单位：浙江诚邦园林股份有限公司
通讯地址：杭州市之江路 599 号
邮政编码：310008
联系电话：0571—87832006

金
优秀园林工程

中顺上尚庭景观工程（杭政储出〔2008〕24号地块商品住宅）

建设单位　杭州中顺房地产开发有限公司
设计单位　杭州神工景观设计有限公司
施工单位　杭州神工景观工程有限公司
监理单位　浙江江南工程管理股份有限公司
起止时间　2012年5月1日至2013年8月21日
工程造价　1500万元

工程概况

中顺上尚庭景观工程位于杭州市丰登街与益乐北路交叉口，东侧为在建的申华府小区，南侧为阮家桥村，西侧为阮家居安置小区，北侧为市政河道，总景观面积34800平方米。景观工程内容包括硬质景观、软质景观、园内环境设施摆放、泳池施工、水电安装等。

工程特点

小区景观设计的主要理念是，通过创造各种不同用途、大小不一的开放空间，采用适当的设计元素，提升人们对天然景观的感受，将景观小区融入自然，将功能与艺术有机结合，人与自然和谐对话，营造精致的自然风景，使繁忙的都市人有一种亲近自然、回归自然的感觉。

为使园区内地形高低错落有致、有形有势，土坡造型高大饱满，又能达到设计荷载要求，在荷载不够之处采用轻质陶粒填充。硬质景观在沉降不均处采用植筋等手法与建筑物紧密地连接。

工程以主入口直接面对的景墙和精致的圆亭，配以两侧高大的银杏和两棵形态饱满的桂花，将人引入其中，迎面而来的是一片宽大的绿草如茵的中心草地和轻松明快、清澈的中央水景，中心草地两侧的游步道把人们带入一片高大的水杉林中，配以桂花、樱花、紫薇，让繁忙的都市人仿佛置身于天然氧吧，使人意趣盎然、流连忘返。

环道边配置香樟、桂花、广玉兰等体现常绿乔木的浓绿的树种，而银杏、无患子、乌桕、红枫、红叶李等则呈现秋天叶色热情奔放的绚丽，再适当点缀香泡、枇杷、胡柚、山楂等果树，也让人们感受到秋天丰收带来的喜悦。

泳池周边配置高大的乐昌含笑，中层的桂花，下层的无刺枸骨球，成片的红叶石楠和红花檵木，高中低的搭配则提高了泳池的私密性。

以上点点，总体按照适地适树的原则，充分考虑植物的种类、色彩的搭配，结合景观设计理念，创造多样化的空间，营造轻松、祥和的景观氛围，使精致的景观小品、灵动的水景、舒缓起伏的地形及层次丰富的绿化有机地融合在一起，减弱建筑物对人的心理压抑感。

本项目获得2014年度浙江省“优秀园林工程”金奖

申报单位：杭州神工景观工程有限公司
通讯地址：杭州市湖墅南路103号百大花园B区18楼
邮政编码：310005
联系电话：0571—883960258

拱墅区政府（含法检两院）大楼屋顶绿化工程

建设单位 杭州市拱墅区住房和城市建设局

设计单位 杭州爱立特滨水景观设计研究院有限公司

施工单位 杭州兴业市政园林工程有限公司

监理单位 杭州园林工程监理有限公司

起止时间 2012 年 9 月 1 日至 2012 年 12 月 28 日

工程造价 185.84 万元

工程概况

拱墅区政府（含法检两院）大楼屋顶绿化工程位于杭州市拱墅区区政府，布局以花园式屋顶绿化为主，绿化面积 3300 平方米。工程内容包括屋面防水层、耐根穿刺层的铺贴、花台制作、排水管道、排水层、隔离过滤层的铺设、经改良的轻质土壤吊运填方、园路铺装、塑木廊架、护栏、平台、花箱、休闲桌椅的安置，景观绿化的配置等。

工程特点

屋顶绿化、防水是施工关键，施工方严格按照《屋面工程技术规范》操作，整体屋面先分别用一层 3 毫米 APP 塑性体改性沥青防水卷材铺贴，第二层用 4 毫米耐根穿刺化学阻根防水卷材铺贴。屋面排水层用 8 厘米厚陶粒，并设盲管，上盖土工布，经过两次闭水检测实验，确保屋面不积水，不渗漏。种植土采用田园土、营养土和珍珠岩按比例搅拌，减轻荷载，增加肥力。

屋面绿化种植采用层次丰富的花境式布置，主要品种有红花檵木桩、造型罗汉松、桂花、红枫、花石榴、红叶石楠、花叶女贞、胡颓子、春夏鹃、大花六道木、品种月季、紫藤、草皮等 30 个品种，形成疏密有致、高低错落、色彩丰富、季相分明的植物群落和景观，加上塑木廊架、休闲平台、桌椅的安置，周围原有墙体的整洁化，大大提高了屋顶绿化美化的整体品质效果。

本项目获得2014年度浙江省“优秀园林工程”金奖

申报单位：杭州兴业市政园林工程限公司
通讯地址：杭州市拱墅区古运路85号古运大厦13楼
邮政编码：310015
联系电话：0571—28020885

金

优秀园林工程

滨江区江虹路（南环路—闻涛路）绿化改造工程

建设单位 杭州高新技术产业开发区（滨江）城建指挥部

设计单位 杭州绿风园林景观设计研究院有限公司

施工单位 浙江省园林集团有限公司

监理单位 杭州华嵩工程造价咨询有限公司

起止时间 2013 年 2 月 18 日至 2013 年 4 月 15 日

工程造价 904.61 万元

工程概况

江虹路（南环路—闻涛路）绿化改造工程位于杭州市滨江区，南起南环路，北至闻涛路，设计全长 3700 米，绿化面积 32430 平方米。主要相交道路有南环路、滨康路、滨安路、滨兴路、江南大道、滨盛路、闻涛路等，沿途跨越北塘河桥梁——江虹桥。工程内容为施工图范围内的种植土换填、苗木绿化、其他修缮（包括人行道整修、局部侧石更换、全线侧石外表面喷涂真石漆）、景观亮灯等。

工程特点

本工程主要分为绿化和景观两个方面的内容，以林荫大道为主题，区别于传统道侧的地面绿化，以无患子、香樟等高大乔木为主，分别体现出个体美和整体美。其中中分带香樟树为反季节施工，为了确保香樟种植后的成活率，首先优选植株健壮、根系发达、无病虫害的香樟树苗，选派经验丰富的专业技术人员随起苗、随运输、随栽植、随浇水，并对树干卷束稻草，同时积极跟进苗木的养护管理，浇水、修剪、施肥及病虫杂草防治等相关措施都落实到位，有效地保障了香樟树及其他苗木的高成活率。“三分种，七分养”，在绿化工程中，专业的“四好”种养技术是保证绿化工程施工质量的关键，每道工序环环紧扣，使绿化景观取得令人满意的效果。同时，在江虹桥的亮灯工程中做到灯具的安装符合规范要求，使其夜间亮灯的效果极为亮丽。

50

本项目获得 2014 年度浙江省“优秀园林工程”金奖

申报单位：浙江省园林集团有限公司
通讯地址：杭州市太平门直街 260 号三新银座 1602
邮政编码：310016
联系电话：0571—86438156

金
优秀园林工程

汽车音响基地室外景观工程

建设单位　杭州兴耀控股集团有限公司
设计单位　杭州人合景观设计有限公司
施工单位　杭州西兴园林工程有限公司
监理单位　杭州市城市建设监理有限公司
起止时间　2012 年 9 月 1 日至 2013 年 1 月 20 日
工程造价　1600 万元

工程概况

汽车音响基地室外景观工程位于杭州市滨江区西兴街道，滨安路与江晖路交叉口。总施工面积 14500 平方米，其中市政道路 3500 平方米，花岗岩铺装 4000 平方米，景观水池、喷泉 4 处，计 1000 平方米，绿地面积 6000 平方米。工程内容包含绿化工程（含回填土、土方造型、苗木种植）、硬质铺装、花坛挡墙、坐凳、排水沟、水台、水池、喷泉、景石、雕塑、水电安装等。

工程特点

汽车音响基地设有主车道及两个地下车库出入口，主车道铺装采用8厘米厚规格为1200毫米 ×600毫米，5厘米厚规格为600毫米 ×600毫米、600毫米 ×700毫米的石材，由于石材厚、长，单块石材的重量较重（100至150斤）。汽车坡道为防滑石材面，全部采用拉槽工艺。主楼入口处的喷泉池，底面采用黑金沙，侧壁和压顶都采用黑水晶。

项目地面车位有限，大部分车位位于地下车库，故很多苗木是种植在车库顶板上。在车库顶板上做景观，为减轻荷载，硬质区采用了陶粒混凝土。绿化区采用陶粒和盲管加土工布，既减轻了荷载又很好地解决了排水问题。防漏问题：在车库顶板上做喷泉水景，必须进行二次防水处理。种植的大规格香樟、银杏、广玉兰、桂花、杨梅等苗木，总体造型更突出。

项目部运进新种植土3000立方米，购买营养土1500立方米，按种植面积计算，平均加厚种植土有0.5米，营养土25厘米。由于土壤进行了全面改良，提高了苗木的成活率，促进了苗木的生长。

项目栽植的大乔木主要有香樟、银杏、榉树、香泡等；栽植的小乔木主要有鸡爪槭、红枫、桂花、羽毛枫、紫薇、梅花、垂丝海棠、花石榴等；栽植禾本和水生类植物主要有石菖蒲、千屈菜、睡莲等；栽植的灌木有品种月季、金边黄杨、瓜子黄杨、红叶石楠、金森女贞、红花檵木、夏鹃、春鹃、黄馨、无刺枸骨、南天竹、金边胡颓子、茶梅、狭叶十大功劳、龟甲冬青、八角金盘、小叶栀子、红花金丝桃、红花绣线菊等。

5

P
地下车库

本项目获得 2014 年度浙江省“优秀园林工程”金奖

申报单位：杭州西兴园林工程有限公司
通讯地址：杭州市滨江区江南大道 518 号兴耀大厦 8 楼
邮政编码：310052
联系电话：0571—86689667

杭州植物园整治工程（盆栽植物展示中心）环境整治

建设单位　杭州植物园
设计单位　杭州园林设计院股份有限公司
施工单位　杭州滨江区市政园林工程有限公司
监理单位　杭州天恒投资建设管理有限公司
起止时间　2013 年 10 月 8 日至 2013 年 12 月 15 日
工程造价　2860 万元

工程概况

杭州植物园整治工程（盆栽植物展示中心）环境整治，本工程整治前是原生态杂木林，绿化种植 65890 平方米，翠微亭、艺雪亭 2 座，水系 1100 平方米，园路 3700 平方米，景墙 3500 米，管理房 1 座，湖石堆砌 800 吨。主要工程分绿化部分，景观部分，园林古建、安装部分，其中绿化部分包括苗木迁移、环境整理及新种苗木，新种苗木主要包括五针松、光皮梾木、鸡爪槭、红枫、紫薇、杜鹃、凌霄、多头苏铁、川含笑、无患子、早园竹、榔榆、洒金珊瑚、玉竹、红玉兰、红花檵木、茶梅、兰花三七、千屈菜、南天竹、常春藤、络石、小叶扶芳藤、石菖蒲等。景观部分为围墙、景墙、清水平台、步步高、工作台、模拟阳台、模拟屋顶、花架、廊亭水系等。园林古建部分主要包括翠微亭、艺雪亭、六班厕所、入口管理房、西门售票房等构筑物。安装工程主要包括两个展示区的给排水、照明线路、监控系统施工。

工程特点

本工程项目利用原有地形、地势特点，随坡就势进行改造，一部分缓坡使用大面积色块填充铺设，另一部分陡坡构筑，花架景观结合种植色彩明显的四季草花，或者建造台阶园路，消化高差。巧妙利用道路分流处的大树和人工堆坡形成的线条分隔空间，从而达到引导游人前行的目的，形成整齐、简洁让人眼前一亮的空间布局，将功能与景观效果有机地融合在一起。在植物配置上，兼顾多样性和季节变化原则，整体上突出品种多样化，种植层次丰富、色彩绚烂，正所谓 “以草为皮、以树为骨、以花为裳”。配以具有丰富内涵的盆景，形成小型沼泽、丘陵、山地、平原等特色风光地带，争奇斗艳、五彩缤纷。园中水景，可观可赏，形态各异的景石如梅花般点缀在水中，星星点点地形成了更为贴近自然的水石相依景观，几组景石深入水中形成水中花，垂柳种植于岸上，如同在水一方的佳人揽镜自照，烟波浩渺中别有一番似水柔情。

形成园路环纹呈条状铺设，两旁青草茵茵，花木扶疏，一路走去细细品味着整洁、明亮的艺术氛围，豁然开朗，怡然自得。其次，整片的草皮平铺形成了绿色的走廊，既分割了空间，又使得布局紧密衔接，同时也很好地贯彻了生态学理念。池塘、花坛、景石与自然台阶、花架、盆景几架结合，观赏与实际结合，组成了花坛式台阶的独特风格。

在本项目施工过程中，突破传统施工技术和工艺大胆进行创新，采用“树动力”、“园艺创新”、“土坡造型”、“二次沉降”技术，亭子建造实施仿古技术，仿旧新工艺，苗木种植采用新型有机肥土壤处理技术，显著提高了种植苗木的成活率。

情采自凝

本项目获得2014年度浙江省“优秀园林工程”金奖

申报单位：杭州滨江区市政园林工程有限公司
通讯地址：杭州市滨江区西兴街道固陵路三江商厦5号
邮政编码：310051
联系电话：0571—86685078

六和塔保养维护工程

建设单位 杭州西湖风景名胜区钱江管理处

设计单位 浙江省古建筑设计研究院

施工单位 杭州市园林工程有限公司

监理单位 杭州天恒投资建设管理有限公司

起止时间 2013 年 6 月 28 日至 2014 年 4 月 10 日

工程造价 1050 万元

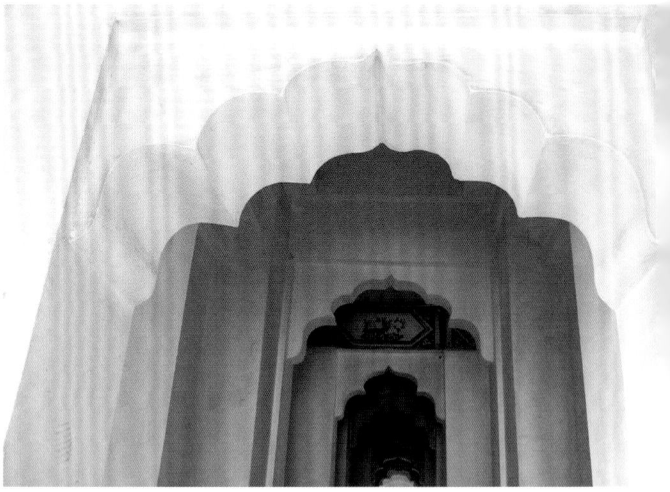

工程概况

六和塔保养维护工程位于杭州市之江路 16 号，地处龙山月轮峰南麓，为第一批全国重点文物保护单位，也是杭州西湖世界文化景观遗产中 14 处文化史迹之一。六和塔建筑高度 59.89 米，建筑层数 13 层。工程主要施工内容为揭瓦翻修、戗角脊翻修及重做；更换霉烂的檐桁、椽子、屋面板、松动的木楼梯和木楼板、外立面油漆，重做一层屋面防水和所有瓦屋面；修补塔内墙体和开裂木作；底层立柱加固件、消防箱，管道底层地坪金砖部分新铺并清理塔内墙起皮涂料；恢复实拼板门；周边石板、消防井、管道整修和绿化种植等工程。

工程特点

工程在外架提供的原六和塔有限元分析荷载的基础上，上部采用悬挑架主体架落地。为控制结构自重荷载，脚手片按实际需要进行铺设，安全网采用阻燃密目式安全立网，主体双排钢管脚手架，高 40 米；与主体架相连接搭设三排立杆钢管高度 16 米附架，增加主架底部刚度及稳定性；主体架 40 米以上为三角形悬挑架，相对高度为 10.5 米，该次外架搭设使用钢管为 400 余吨。

此次维修保养主要针对六和塔外立面及屋面维修。根据文物修缮传统工艺和最低干预原则，对各层屋面进行仔细勘查，对于霉烂、疏松的屋面板、椽子进行更换，材料均采用旧老杉木，严格按照原尺寸断料，每批完成的木构件分别编号、堆放，安排专人进行验收，并重点对木构件进行了“三防”处理。

更换后的屋面基层涂刷生桐油，增加 20 毫米厚灰背，其中一层屋面采用 SBS 防水卷材，层面均做 30 毫米厚 1∶2 水泥砂浆找平层，内含钢丝网，采用原工艺卧瓦、优质麻刀灰捉节夹垄。戗脊也是六和塔外檐装饰性较强的一部分，为保证戗脊的质量和美观性，也对戗脊按原样进行重做，并对戗脊表面粉刷抗裂砂浆，抹灰刀将抗裂砂浆抹压于戗脊上，将玻璃纤维网格布压入抹灰砂浆中并找平，再做黑漆装饰。

六和塔外立面油漆也是本工程重点之一。在施工过程中，采用基层打磨清理、撕缝，封底油，满批油灰打磨，上色后再刷底漆一遍、面漆两遍共八道工序完成，油漆全部采用生漆。六和塔一层内外共计 48 根柱子，其做法采用“一麻五灰”，外加传统生漆三遍饰面。“一麻五灰”是中国古代建筑彩画的基本施工方法，其工艺包括七道工序，即捉缝灰、扫荡灰、使麻、压麻灰、中灰、细灰、磨细钻生。

本项目获得 2014 年度浙江省“优秀园林工程”金奖

申报单位：杭州市园林工程有限公司
通讯地址：杭州市文一西路 1218 号恒生科技园 19 号楼
邮政编码：311121
联系电话：0571—88720625

金
优秀园林工程

赛丽绿城·丽园绿化工程

建设单位　杭州赛丽绿城置业有限公司
设计单位　中国美术学院风景建筑设计研究院
施工单位　浙江元成园林集团股份有限公司
起止时间　2011年11月10日至2012年11月10日
工程造价　1065.92万元

工程概况

赛丽绿城·丽园绿化工程位于杭州市上城区江城路与上仓桥路交叉口，总面积9300平方米。施工内容包括小区的景观绿化、土坡造型、屋顶花园工程。

工程特点

本工程选择树形优美、冠幅饱满的树种，种植多干沙朴、多干香樟、乌桕、榉树、无患子、合欢、黄山栾树、木莲、枫香、乐昌含笑、大银杏、杜英等13个品种的大乔木，种植金桂、白玉兰、红玉兰、日本晚樱、木槿、紫薇、紫荆、红叶李、红枫、鸡爪槭、美人茶、八棱海棠、红梅、香泡、木荷、石榴、苏铁、胡柚等20个品种的亚乔木；为配合丽园较为西式的建筑风格，采购大叶黄杨柱、红叶石楠柱、金森女贞柱作为建筑周边的装饰；种植红叶石楠球、红花檵木球、麻叶绣球、金森女贞球、金叶女贞球、无刺枸骨球、瓜子黄杨球、海桐球、龟甲冬青球、水蜡球等10个品种的球类灌木。灌木则选择红花檵木、春鹃、夏鹃、龟甲冬青、南天竹、金森女贞、红叶石楠、欧洲荚蒾、大叶栀子、小叶栀子、金边黄杨等11个品种。应用不同色彩的彩色植物和观花植物，组成精致的图案纹样，选择生长缓慢整齐、株型矮小、分枝紧密、叶子细小、萌蘖性强、耐移植、耐修剪、易栽培、缓苗快的植物，合理搭配植株的高度与形状，用植物色彩突出纹样，使之清晰而精美，用色块来组成设计图案。

整个小区充分运用常绿植物、落叶植物及色叶树种，使小区各个区块，每个点、每个季都有景观。

本项目获得2014年度浙江省“优秀园林工程”金奖

申报单位：浙江元成园林集团股份有限公司
通讯地址：杭州新塘路19号采荷嘉业大厦5号楼
邮政编码：310016
联系电话：0571—86947044

金
优秀园林工程

临安『万锦山庄』景观及市政工程

建设单位　浙江天屹信息房地产开发有限公司
设计单位　杭州杜马环境设计有限公司
施工单位　杭州绿馨园林有限公司
起止时间　2011年12月8日至2013年5月29日
工程造价　2545.425万元

工程概况

万锦山庄景观及市政工程位于临安市城北区块，西径山脚下，南邻环北路，东靠林水路，西接马溪路。总用地面积50000平方米，其中景观面积36500平方米。主要内容包括土石方工程、场地平整、种植土、铺装（包括小广场、人行道、架空层、停车场、入口、园路等）、围墙（包括小区围墙、座墙、特色墙等）、景观小品（包括平台、树池、景观亭、休憩廊等）、花钵、花盆、陶罐、绿化工程（包括乔木、灌木、花境、水生植物、草坪等）、给排水工程、电气照明工程。

工程特点

本工程最大的亮点是艺术与自然生态环境的完美结合，对原有生态系统和生物多样性的合理利用，模拟了自然植被配置。利用独特的山地景观资源，将建筑融于绿山环抱之中，力求与山水环境融为一体。中心公园与高尔夫球练习场，与儿童趣味沙滩相结合；中心池塘周边设有健身长廊垂钓区，景色中动静分离且有机协调。

工程注重营造节点景观，比如叠石与水池的组合，每一个能够吸引人的景点，以至于草坪、灌木、乔木的大小高矮都有很好的协调性和层次性。

另外，注重植物群落与园林建筑物（如水池、木平台、连廊花架、景墙等）、假山、景石之间的和谐自然。比如水池、连廊花架周边应配置一些低矮的花灌木，而廊架、景墙等较高的园林建筑物周围则配置一些大乔木。处理手法非常细致，使植物与景观建筑完美地结合在一起，形成独特的人文景观。

同时，巧妙地运用线条、色彩、光影、体量、质感等手法，使整个小区园林景观显得非常饱满。让人的心灵与自然交汇触摸，致力于营造人与自然融为一体的最高境界的园林景观。

万锦山庄

本项目获得2014年度浙江省“优秀园林工程”金奖

申报单位：杭州绿馨园林有限公司
通讯地址：杭州萧山区北干街道天汇园3幢602
邮政编码：311200
联系电话：0571—82839689

绿城·临安玉兰花园样板区景观工程

建设单位 浙江和商置业有限公司

设计单位 浙江普天园林建筑发展有限公司

施工单位 杭州恒力市政景观艺术有限公司

监理单位 杭州市建筑工程监理有限公司

起止时间 2012 年 5 月 30 日至 2012 年 9 月 7 日

工程造价 635.23 万元

工程概况

绿城玉兰花园位于临安市城中东街和东湖路交叉口，施工面积 6000 平方米，其中，硬质景观 3500 平方米，绿化 2500 平方米。施工主要内容包括绿化土方造型、乔木、灌木种植和景观铺装、树池、亭子、水池、木廊架等工程。

工程特点

本工程采用低密度建筑和高绿化率园林相呼应，由内向外自然交汇，合理利用地块特性并创造出鲜明的结构形态，总体布局丰富细致、和谐平衡。突出以轴线对称为主题的欧式园林景观，入口处园林植物造景曲线自然柔和，配以精巧小品、亭子，以景观园路为依托，形成了绿地相连、自然流畅、形影相依的绿化景观系统。休闲木质平台、木质廊架、喷泉跌水、大面积的草坪充分体现了园区布局灵动、步移景异的特点。植物配置色彩分明，极大地丰富了社区的空间层次感，并且呈现出四季有花、冬季常青的景象。在玉兰花园，人、建筑、园林景观之间相互融通、相互涵养，形成了人景互动、情味相融的社区居住环境。

工程极具特色的三个景观节点，以高低错落、曲线优美的绿化植物围绕所营造出来的大面积四季常绿的草坪，配以精工细作的花岗岩亭子、儿童游乐设施，是园区最佳的亲子活动区域，是居住在玉兰花园的业主们最休闲、怡然自得的家庭活动中心。

极具欧式庭院风情的跌水景观，精细的花岗岩工序工艺制作，配以两座木质的休闲廊架，再搭配丰富的绿色景观造景，创造出丰富的景观空间。下班或周末休闲时，可以一家人围坐在亭子中的休闲桌椅旁，品茶、观景、听泉声，不出家园就能品味大自然的景观，是宜居的生活空间。

在植物造景中，以丰富的花、彩叶植物作为造景的最佳树种，选用历史悠久独特的八棱海棠、二乔玉兰、银杏树，以及研发的新型品种金科女贞、银科女贞，再搭配其他常规的彩叶、花叶等品种，创造出疏密有致、空间丰富、高低错落的植物造景空间。

本项目获得2014年度浙江省“优秀园林工程”金奖

申报单位：杭州恒力市政景观艺术有限公司
通讯地址：杭州市余杭区世纪大道西102号九洲大厦10楼
邮政编码：311100
联系电话：0571—89177198

金
优秀园林工程

杭州师范大学仓前校区一期景观及市政配套工程

建设单位 杭州师范大学

设计单位 杭州园林设计院股份有限公司　汉嘉设计集团股份有限公司
中国水电顾问集团华东勘测设计研究院

施工单位 杭州金锄市政园林工程有限公司　杭州爱立特生态环境科技有限公司

监理单位 浙江五洲工程项目管理有限公司

起止时间 2012 年 7 月 20 日至 2013 年 8 月 13 日

工程造价 5860.3 万元

工程概况

杭州师范大学仓前校区一期景观及市政配套工程一标段位于杭州市余杭区仓前镇高教园区内。工程以“科学发展观”为指导，以提高绿地率、提升校园文化品位、改善生态环境、创建园林式学校为目标，进一步绿化、优化、美化学校育人环境，全面提高校园的绿化建设，给师生营造一个优美的生活和学习环境，将其打造成为“春有花、夏有荫、秋有果、冬有景”的景观典范工程。工程绿化总面积 75144 平方米。工程主要内容包括河道绿化、道路铺装、亮化工程、污水泵房等。

工程特点

工程整体定位以“湿地书院，水韵书香”为核心理念。遵循居住性、舒适性、安全性、耐久性和经济性五大原则，以绿地、自然、阳光的环境为主题，在绿化、美化工作上整体规划，向景区化、园林化发展。突出校园特色和文化教育氛围，提高校园绿化美化的品位和质量，做到整体性、艺术性、层次性的完美统一，达到“春有花、夏有荫、秋有果、冬有景”，逐步形成充满生机的校园个性，力争把校园建设成绿树成荫、花香四溢的乐园。

为突显“湿地书院”的理念，在绿化种植方面，坚持生态性和多样性原则，乔灌木草花相结合，形成不同的小群落，植物配置与地形相结合，疏密有致。乔木主要有香樟、沙朴、无患子、银杏、水杉、垂柳、黄山栾树、金桂、玉兰、鸡爪槭、红枫等。滨水带栽植黄菖蒲、再力花、千屈菜、睡莲、荷花等水生植物，既发挥绿化功能又能净化水质。硬质铺装方面，采用花岗岩石材、菠萝格木材等自然材料，在施工工艺上精益求精，确保各类花岗岩栏杆弧线形安装后弧线顺畅、圆滑。园区湖驳岸采用太湖石块和河道边的桐庐风景石叠砌，更加突出生态自然的特点。建成后的杭师大是一座规划超前、布局大气、建筑风格独特、功能设施先进，具有鲜明时代特征、浓郁杭州特色和典型江南水乡风格的大学校园。

目前，杭师大校园建筑充满水榭亭台元素，严谨别致的建筑与自然灵动的水体相互穿插，形成河、溪、池、岛、堤等丰富的湿地景观，建筑就如同从湿地中生长出来一样，构成独一无二的“湿地书院”。

本项目获得 2014 年度浙江省“优秀园林工程”金奖

申报单位：杭州金锄市政园林工程有限公司
通讯地址：杭州市临平雪海路 9 号鼎盛大厦 16 楼
邮政编码：311100
联系电话：0571—89269900

申报单位：杭州爱立特生态环境科技有限公司
通讯地址：杭州市温州路普金家园 11 幢 1 单元 2 楼、3 楼
邮政编码：310015
联系电话：0571—88396881

金
优秀园林工程

浙江海外高层次人才创新园首期项目绿化施工工程

建设单位　杭州未来科技城资产管理有限公司
设计单位　中国联合工程公司
施工单位　杭州铭凯园林建设工程有限公司
监理单位　上海同济工程项目管理咨询有限公司
起止时间　2012 年 8 月 15 至 2012 年 10 月 15 日
工程造价　1700 万元

工程概况

浙江海外高层次人才创新园首期项目绿化施工工程位于杭州市余杭创新基地（海创园一号地块），南起文一西路，东为高教路，北侧为新桥港河，西邻浙江省委党校，绿化面积 39200 平方米。工程内容主要包括地形整理、绿化种植、绿化养护工程等。共种植乔木 1065 株，主要有香樟、桂花、银杏、红枫、樱花、榉树、广玉兰、乐昌含笑、红梅、紫薇、无患子、茶花等品种；灌木种植量为 31500 平方米，主要有红叶石楠、红花檵木、金边黄杨、金叶女贞、杜鹃、八角金盘等品种；球类共种植 365 株，主要有红叶石楠球、大叶黄杨球、红花檵木球、茶梅球、无刺枸骨球等品种；四季时花种植量为 200 平方米；果岭草皮种植量为 5500 平方米；水生植物种植量为 2000 平方米，主要种植有荷花、黄花鸢尾、细叶芒草、芦竹、旱伞草、蒲苇等。

工程特点

本项目的行道树种植追求六统一，即苗木的品种、干径、高度、冠幅、分叉点、树形的统一。园区主入口三个花坛的植物配置，主要根据建筑布局和建筑外墙风格并结合园区的定位，选择了胸径 60 厘米的 6 株特大银杏，再结合杜鹃的纯粹底色搭配，营造出高档、大气、干净、整洁、清爽的主入口气氛。除了常规的苗木品种，名贵苗木的应用，更是为整个工程增添了很多亮点。此外，为了营造丰富的植物群落，本项目在对草坪、地被植物如何配置，灌木、乔木如何搭配，沉水植物、浮水植物如何分布等问题上，都进行了最佳的调整和搭配，使整个景观看起来高低有序、错落有致，空间层次感丰富饱满，一年四季绿色满目、花开不断，一幅自然、生态、和谐的画面跃然呈现。

本项目获得2014年度浙江省“优秀园林工程”金奖

申报单位：杭州铭凯园林建设工程有限公司
通讯地址：杭州余杭区临平街道西大街61—64号8层
邮政编码：311100
联系电话：0571—89193079

技术措施

1.反季节绿化种植。本工程绿化种植刚好处在高温季节，由于建设单位对工程的高度重视，开工前就多次要求抓紧施工，按期保质保量地完成任务，《钱江晚报》也多次到现场采访，报道项目会在什么时候完工，这样对整个施工队伍来说就增加了压力。为打破季节限制，克服不利条件，进行反季节施工，项目部会同甲方及监理单位，专门召开两次专题会议，会议决定从监理单位和项目部挑选三个专业人士，监督苗木的选购、种植和养护的全过程，并确定了反季节种植的八个标准，一是在选材上尽可能地挑选长势旺盛、植物健壮的苗；二是种植苗木应根系发达、生长茁壮、无病虫害、规格及形态应符合设计要求；三是特大苗木及珍贵苗木做好断根、移栽措施；四是水生植物，根茎发育应良好，植株健壮，无病虫害；五是反季节种植苗木，种植土必须保证足够的厚度，保证土质肥沃疏松，透气性和排水性好；六是尽量就近采购苗木，减少运输时间，这样大大提高苗木成活率；七是胸径大于10厘米的树，监督小组都会现场选苗并做记号，为了保证大苗的成活率，还决定在运输前由专业人员先进行粗修剪，到工地后再进行精修剪，并适当加大修剪力度以减少苗木的水分蒸发；八是加强养护力度。

2.工期短，交叉施工严重。本工程是一个纯绿化工程，因工程开工时，房建外墙装饰尚未完工，道路工程、排水工程、景观工程交叉施工作业严重。由于场地有限，全面展开施工有一定的难度，因此，交叉施工的局面难以避免，为保证工程的顺利进展，项目部在开工前进行全盘的考虑，根据各相关单位的施工计划结合现场实施情况，制订施工计划，合理地配置人力、物力和机械设备，重点工作节点加入人力等投入，保证了施工的有序进行。

杭州龙嘉余政挂出〔2010〕66号地块项目一期景观工程

建设单位　杭州龙嘉房地产开发有限公司
设计单位　上海纬图景观设计有限公司
施工单位　杭州神工景观工程有限公司
监理单位　浙江文华建设项目管理有限公司
起止时间　2012年9月10日至2013年6月21日
工程造价　1454.36万元

工程概况

杭州龙嘉余政挂出〔2010〕66号地块项目一期景观工程位于杭州市余杭区塘栖镇漳河村（宁桥大道与S304省道交叉口西南侧），总用地面积98000平方米，总景观面积51760平方米。景观工程内容包括硬景、软景施工，开园草花摆放布置、园内环境设施摆放、环境水电施工等。

工程特点

本小区景观设计的主要手法和宗旨就是通过创造各种用途不同、大小不一的开放空间，通过采用适当的设计元素，来提升人们对天然景观元素的感受，将精致的景观小品融入自然，将功能与艺术有机结合，人工与自然和谐对话，营造精致的自然风景；将精致、尊贵、优雅的社区氛围与自然生态的社区融为一体，强调更多、更大、更丰富的活动空间的塑造，促使邻里居民更多的室外参与，促进传统邻里关系的恢复及生态环境的提升。

工程分为合院部分和高层部分。合院部分的景观塑造分为两大区块，分别以西班牙的两个著名小镇命名。一是以庭院著名的科尔多瓦小镇，二是离巴塞罗那仅100千米的水岸室外桃源——卢佩特小镇。故两大区块分别命名为科尔多瓦庭院别墅区和卢佩特水岸别墅区。为突出科尔多瓦庭院别墅区不同区块的特点，又分别将其称为科尔多瓦樱花园、夏玫园、秋露园、茵草园和繁花巷等五个部分。

科尔多瓦樱花园主要体现的就是其春季樱花浪漫的主要花色景观。该樱花园位于别墅景观的主轴线上，同时也是科尔多瓦庭院别墅区的中心景观，因此设计运用了西班牙皇家庭院特征性的水轴元素，先以次入口直接进来所面对的景墙和跌水所产生的灵动效果将人引入其中。这里迎面而来的是一个轻松、明快、休闲的小型水池广场，有清澈的池水、舒适的沙发、足够遐想的空间。

科尔多瓦夏玫园的轴线上配置了多干紫薇、木槿、花石榴、绣球、美人蕉、西洋杜鹃、月季等低矮乔灌木来烘托夏花的灿烂，并以桂花、杨梅、乐昌含笑等常绿亚乔木显现夏叶的浓绿。中心区块则采用饱满细致的绿茵草坪与色彩绚烂的月季、玫瑰、时令草花等草本、木本花卉进行强烈的对比种植，来突显夏玫园的热烈情怀。

科尔多瓦秋露园除了拥有园内最常见的桂花、朴树、红叶李之外，另行增加了银杏、无患子、三角枫等秋季黄叶树种及乌桕、红枫、鸡爪槭等红叶树种，并适当点缀香泡、果石榴、柿子树、木瓜海棠等秋季结果的果树，使其充分体现秋天叶色的绚丽，也促使人们切身感受到丰收的喜悦。

相比之下，卢佩特水岸别墅区有着得天独厚的自然水岸条件，通过草本植物、鲜花以及景观微地形处理，将这一别墅区区分为绿岛花园、浅草庭院、盛花庭院三个主题花园。通过这三个庭院的西端与河滨较好的自然景观的完美结合，塑造别墅区最靓丽的自然景观效果。

龙湖 · 香醍溪
LONGHU RIVAGCHI

本项目获得2014年度浙江省“优秀园林工程”金奖

申报单位：杭州神工景观工程有限公司
通讯地址：杭州市湖墅南路103号百大花园B区18楼
邮政编码：310005
联系电话：0571—88396025

梧桐蓝山花苑一期室外绿化景观工程

建设单位　杭州洲际房地产开发有限公司

设计单位　浙江普天园林建筑发展有限公司

施工单位　浙江普天园林建筑发展有限公司

监理单位　浙江耀华工程咨询代理有限公司

起止时间　2012 年 10 月 10 日至 2013 年 1 月 20 日

工程造价　2250 万元

工程概况

梧桐蓝山花苑一期室外绿化景观工程位于杭州余杭区临平世纪大道与南苑街交叉口，工程绿化面积 24000 平方米。工程内容主要包括土方造型、建筑景观小品、绿化苗木种植及水电安装。

工程特点

梧桐蓝山花苑在设计风格上主要是营造一座具有欧式风情的园林景观项目。在公共空间的打造上，由南北轴线控制整体，辅之以几条次要轴线，连接宅间绿地，充分凸显了古典园林细腻的空间处理。主轴线中间有水景、模纹花坛等景观，从大门一进去就给人简洁大气的感觉。宅间绿地空间则更多采用柔性的手法，精致的小品、长廊、跌水、花架、雕塑、游泳池及层次分明、色彩丰富的植物，带来了欧洲古典园林的亲切浪漫和浓郁的居家生活气息。小区内还配备了庭院灯、草坪灯、地灯、投光灯及喷灌设施等，形成集休闲、学习、娱乐为一体的自然生态景观。

在绿化工程部分种植香樟、桂花、朴树、榉树等大小乔木 850 株，金边黄杨、红叶石楠等灌木 600000 株，铺设草皮、麦冬 12900 平方米。严格根据相关标准进行草坪、灌木、乔木、花卉、硬质等养护管理，巩固园林绿化成果，使之生机盎然、美景常在。

本项目获得 2014 年度浙江省“优秀园林工程”金奖

申报单位：浙江普天园林建筑发展有限公司
通讯地址：杭州市下城区石桥路 279 号经纬国际创意产业园 3 号楼 B 座
邮政编码：310022
联系电话：0571—88828388

金
优秀园林工程

三江汇一期室外园林景观工程

建设单位 杭州三江国际置业集团有限公司
设计单位 上海深圳奥雅园林设计有限公司
施工单位 杭州三江园林绿化工程有限公司
监理单位 浙江文华建设项目管理有限公司
起止时间 2013 年 6 月 18 日至 2013 年 9 月 25 日
工程造价 574 万元

工程概况

三江汇一期室外园林景观工程位于杭州市萧山区闻堰镇湘湖风景区内，景观面积 5750 平方米，其中硬质景观面积 1368 平方米，绿化面积 4382 平方米，包括景观构筑物、水景、树池、花坛、园路、人行道、消防通道、广场铺砖及雨污水、景观给水、景观照明等分项工程。

工程特点

1. 景观道路系统。曲路延袭了中国古典园林的做法，萦绕迂回，曲径通幽，令人不禁浮想联翩，“不识庐山真面目，只缘身在此山中”。道路系统是采用带有西方景观设计的思想，结构严谨的设计手法来完成的。

2. 空间设计及引导。沿院内笔直的大道徐行，绿树环绕，繁花盛景。在10号楼与11号楼之间主通道的简洁的植物，给人以平静的感受。转过楼角，空间收缩，相对集中的绿地组团呈半围合之势，区域功能私密性强。廊架、叠水隐于其中，吸引人寻幽探胜。

3. 入口。途经湘湖路，湘湖路世外桃源假日酒店展现于眼前，两翼绿树成荫、将城市的喧嚣留驻于酒店大院之外；踱过重重绿荫，眼前豁然开朗，入口处的标志性景观构成大气、严谨的氛围，将10号楼与市政道路整体氛围相融合，让自然与城市很好地结合在一起。

4. 生态陆地景观系统。从早春到深秋，景观的颜色由浅到深，但总的色相为绿色。在这个颜色的底色上，植物配置的色彩与季相，对草坪空间的景观与艺术效果的影响相当显著。

5. 思维景观设计。绿色总与环境相互伴随，江南的早春最是风景，也正是在于一个“绿”字。然而绿色之营造要考虑其四维特点，即时空之变化。时间上考虑当地的气候状况，使得绿色（花草树木）有春之绚烂、秋之金黄，顺应天时，景色随四季而变；或可侧重一面，突出一季。墙面的绿化，包括墙面和围墙的垂直绿化，使绿色有空间上的层次感，其效果远大于单一的同面积的平地；色叶或常绿以及乔木和灌木等的空间布局，使之有高低起伏、远近不同，并与建筑物轮廓相协调；还强调的一点是“黄土不见天”的理念，不留出哪怕一小块裸地，其往往影响到整个绿色的总体效果，于细微处才能体现大智。

6. 草坪的配置。工程除道路、广场、花坛、色块及建筑外，其余地面均以日本矮麦冬和冷季型的黑麦草混合草坪，整体覆盖，使四季常绿，草坪设置是整体植物配置的基调和主体。

7. 园路绿地的植物配置。有观赏性和遮阴两种功能，根据园路的主次及走向，酌情采用适宜的配置方式。选择桂花、苦丁茶、刨花楠、无患子等作为主要树种种植，用以遮挡东西两侧的太阳辐射及为道旁的路人提供遮阴。同时相应形成高大的绿色竖向背景，间接起到丰富景区植被林冠的作用。整个植物配置以观赏为主，灵活配置，创造丰富的游览景观。采用造型松、银杏、桂花、丛生元宝枫等作为“障景木”或观赏树，与疏密相间的紫薇、红枫、鸡爪槭、红梅、红千层等花灌木及银霜、龟甲冬青球、红花檵木等球形植物相搭配，产生错落有致、参差多变、层次丰富的组团式植物结构。形成步移景异、一步一景式的观赏植物群落，弥补园区面积较小，景观容量有限的缺陷。

8. 主绿地的植物配置。主广场的植物配置以简洁、大方、明快为主，采用杜鹃、红花檵木、金叶女贞等组成大体量的直线形或弧形模纹，烘托办公区入口氛围。并以美国红枫为主要景观特色，形成整洁、舒展、通透的景观效果。

9. 半封闭景区植物配置。景区遵循少而精的原则，采用生态式种植，即按照植物的生态习性，自然界植物的生长状况进行优化组合，用桂花、丛生元宝枫、银杏、刨花楠等高大乔木作为景观树，为建筑物遮阴，同时为人们创造休憩条件。采用低矮落叶灌木和常绿球形植物，如龟甲冬青、红叶石楠球、丁香、黄栌等丛植或群植，加以修剪造型，组成不同层次、形态相异并具观赏性的植物景观，在被建筑物遮挡的背阴处，配置玉簪、杜鹃、南天竹等观色灌木，再配以适量规模的三季花草作为衬托，形成花团锦簇、异彩竞秀的植物景观，格局自然、生机勃勃的景观效果。

10. 四季花卉配置。本项目花卉以三季草花为主体，配以适量的宿根品种，如月季、玉簪等。为保证主要景观地带的气氛效果，花卉主要配置在入口、建筑等人流相对集中的地带。由于季节特点，花卉的应用尽量考虑与低矮植物如金叶女贞、红花檵木、杜鹃等组成的模纹合理搭配，以丰富观赏层次并弥补季相的缺陷，使数量有限的花卉既满足了观赏的需要又兼具隔音、减尘的作用。色彩缤纷，严谨自然，充分发挥花卉对景观的烘托作用。

本项目获得 2014 年度浙江省“优秀园林工程”金奖

申报单位：杭州三江园林绿化工程有限公司
通讯地址：杭州市萧山区闻堰镇湘湖路 3333 路
邮政编码：310013
联系电话：0571—87988820

金
优秀园林工程

千岛湖珍珠广场景观工程

建设单位　淳安县青溪新城建设投资发展公司
设计单位　上海意格环境设计有限公司
施工单位　浙江人文园林有限公司
　　　　　浙江良康园林绿化工程有限公司
　　　　　杭州滨江区市政园林工程有限公司
监理单位　浙江中兴工程建设监理有限责任公司
起止时间　2012 年 3 月 18 日至 2013 年 4 月 30 日
工程造价　10688.11 万元

工程概况

千岛湖珍珠广场景观工程位于淳安县，总占地面积 432000 平方米（珍珠广场 206000 平方米，中轴溪 226000 平方米）。景观面积 394000 平方米，市政道路 13000 平方米。主要工程量为疏林草地、无边水池及叠水瀑布区、中心广场及水系、中心水景等范围的铺装工程，园路、挡土墙、观景台阶、树池景观小品、给排水、电气工程等。

工程特点

千岛湖珍珠广场景观工程采用“点”、“线”、“面”结合的手法形成绿地系统，游客服务中心、茶楼、餐厅、鱼身树池和珍珠贝飘带树池是“点”，沿区间主要道路的绿化带是“线”，疏林草地、无边水池、大地景观区等区域为“面”，保持绿化空间的连续性，让人们随时随地活动在绿化环境中。利用草坪限定空间，利用不规则的树丛、活泼的水面创造空间，有收有放，忽隐忽现，给人以丰富的空间层次感。整体绿化以朴树、银杏、杨梅、桂花、香樟、樱花等乔木为骨架，配植玉兰、茶花、地被植物及草坪等，并与园林建筑、小品、灯光、水系交相辉映。全区分为东面停车场、船头、大地景观区、珍珠贝飘带树池、无边水池、疏林草地、鱼身树池、茶楼、餐厅、珍珠贝护坡、游客服务中心、鱼头区域等区块，施工时巧妙地运用大树小花相辅，将各区块连成一体，营造立体环境景观。

本项目获得 2014 年度浙江省“优秀园林工程”金奖

申报单位：浙江人文园林有限公司
通讯地址：杭州市西湖区天目山路 223 号
邮政编码：310013
联系电话：0571—86772111

申报单位：浙江良康园林绿化工程有限公司
通讯地址：上虞市舜江东路 287 号
邮政编码：312366
联系电话：0575—82029361

申报单位：杭州滨江区市政园林工程有限公司
通讯地址：杭州市滨江区西兴镇固陵路三江商厦 5 号
邮政编码：310051
联系电话：0571—86685808

技术措施

本工程中设计了一个 16000 平方米的无边水池，并采取引灌千岛湖水源作为无边水池用水，通过中轴线进行引流，灌入无边水池，再通过无边水池瀑布排入千岛湖。因为该无边水池的地理位置原来为填湖区域，为了节约成本设计考虑了进行强夯处理，既保证了地基的稳定又节省了成本。在靠湖侧设计中有一条长约 280 米的无边叠水瀑布为本工程一个亮点，施工存在相当大的难度，要做到 280 度弧形水线的水平难度相当大，但经过各方配合及指导完成了该瀑布的施工。因瀑布蓄水沟的长度及沉降问题无法避免，本项目采用了只有在大坝及水库中才使用到的防水组合材料，避免了无边水池伸缩沉降引起的渗漏水。在无边水池池底施工过程中，考虑到池底的泛碱问题及音乐喷泉及补水系统的管道维修需要，采取了混凝土柱墩的架空，避免了水底铺装的泛碱问题。经过多轮的样品铺设，在不失效果的前提下更换了部分石材，大大降低了施工成本，做到效果不失成本最低。本项目第二处难点就是整个鱼身体系的鱼鳞纹，施工中采用了大量的切割及放样排版，最终确定了大弧线的版本，使鱼尾、台阶及鱼身处鱼鳞完美连接，完成后达到了预期的效果。

中轴溪东段综合景观工程

建设单位　淳安县千岛湖绿城房产建设管理有限公司
设计单位　上海意格环境设计有限公司
施工单位　杭州天香园林股份有限公司
监理单位　浙江中兴工程建设监理有限责任公司
起止时间　2012 年 3 月 20 日至 2013 年 9 月 12 日
工程造价　2983.91 万元

工程概况

中轴溪东段综合景观工程位于淳安县千岛湖镇珍珠半岛，中轴溪东段绿化硬质景观工程，面积 48000 平方米（其中铺装面积 24000 平方米，绿化 14900 平方米，水域面积 9100 平方米）。工程主要施工内容为场地平整、种植土回填、土方造型、乔木种植、灌木种植、草坪铺设、修剪、浇灌、残疾人坡道铺装、景观坡道、人行桥、台阶、草坡台地、演艺平台、儿童活动场地、戏水区、坐凳、种植池、景观铺装、铺装结构层、管线安装等。

工程特点

本工程绿化苗木主要为香樟、沙朴、乐昌含笑等为小区绿化骨架，以桂花、紫薇、红枫等为中层乔木，以毛鹃球、红叶石楠球、红花檵木球、无刺枸骨球等为上层灌木，以红叶石楠、红花檵木、金叶龟甲冬青、金森女贞等各种灌木为配景，地被植物为花叶络石等，草坪为马尼拉。小区植物配置自然、层次丰富，季相较为明显。

本项目获得2014年度浙江省“优秀园林工程”金奖

申报单位：杭州天香园林股份有限公司
通讯地址：杭州萧山区所前镇越王村（东山夏）
邮政编码：311254
联系电话：0571—82348888

技术措施

在施工过程中，穿插作业较多，在不影响其他施工单位的情况下加班加点，同时积极配合设计单位进行现场深化施工。工程处于反季节种植，利用大型移植苗、事先假植、营养液滴灌、叶面喷雾等施工方式确保苗木成活率及树形完整。采用大小苗木搭配，利用疏密有致的种植方式以达到步移景换的效果。严格的质量要求及高效的管理成就了中轴溪东段综合景观工程的施工品质，现场的深化设计使工程成为精致的公园绿地。

千岛湖中轴溪西段景观绿化工程三标段

建设单位　淳安县千岛湖绿城房产建设管理有限公司
设计单位　汇绿园林建设股份有限公司
施工单位　杭州金锄市政园林工程有限公司
监理单位　浙江中兴工程建设监理有限责任公司
起止时间　2013 年 1 月 1 日至 2013 年 9 月 12 日
工程造价　1995.93 万元

工程概况

千岛湖中轴溪西段景观绿化工程三标段位于淳安县千岛湖珍珠半岛，是进入旅游胜地千岛湖的“城市客厅”，南北群山环抱。项目占地面积 47000 平方米，其中水域面积 22000 平方米，铺装和园林小品 5000 平方米，绿地面积 20000 平方米。主要施工内容包括银泰湖、彩虹桥、中央景观广场、亲水平台、婚纱草坪、折岛、人工沙滩、甲板平台、景观桥、景墙、驳岸、种植土及营养土回填、绿化苗木栽植、给排水管道安装、电气照明安装等。

工程特点

千岛湖中轴溪西段景观绿化工程三标段在绿化种植方面，坚持生态性和多样性原则，乔木、灌木、草花相结合，形成不同的小群落，植物配置与地形相结合，疏密有致。乔木主要有香樟、沙朴、无患子、银杏、水杉、垂柳、黄山栾树、金桂等。滨水带栽植黄菖蒲、再力花、千屈菜、睡莲、荷花等水生植物，既发挥绿化功能又可以净化水质。硬质铺装方面，采用花岗岩石材、竹木等自然材料，在施工工艺上精益求精，确保各类花岗岩栏杆弧线型安装后弧线顺畅、圆滑。湖驳岸多采用桐庐景观石和鹅卵石，更加突出生态自然特点。

以银泰湖为中心，结合彩虹桥，形成了湖区景观的制高点，并由此展开湖区水景、绿景、园景及道路景观等丰富的景观系统。结合中央景观广场、亲水平台、婚纱草坪、折岛、甲板及人工沙滩等特色景点，配合各类植物栽植，主题鲜明，风格各异又相互呼应，营造出雅致、休闲、随意、自然、和谐的景观情趣。

本项目获得2014年度浙江省“优秀园林工程”金奖

申报单位：杭州金锄市政园林工程有限公司
通讯地址：杭州市临平雪海路9号鼎盛大厦16楼
邮政编码：311100
联系电话：0571—89269900

一品江山·世纪花园项目景观绿化工程

建设单位 桐庐顺和置业有限公司
设计单位 杭州安道建筑规划设计咨询有限公司
施工单位 浙江天地园林工程有限公司
监理单位 浙江文华建设项目管理有限公司
起止时间 2013 年 2 月 18 日至 2013 年 9 月 25 日
工程造价 2786.67 万元

工程概况

一品江山·世纪花园项目景观绿化工程位于桐庐市大奇山路与滨江路交叉口，景观总面积 18000 平方米，其中绿化面积 9000 平方米。施工内容为小区内园林景观工程，主要包括景观铺装、园路、花架、水景、曲桥、凉亭、景墙等。

工程特点

本项目园林景观的亮点为主入口的设计及院内的跌水景观，使整个区域内的景观灵动有活力，再加之雕塑小品的点缀，更显得整个景观的不拘一格。

为您所在的位置

一品江山

本项目获得2014年度浙江省“优秀园林工程”金奖

申报单位：浙江天地园林工程有限公司
通讯地址：杭州市天城路神州白云大厦2幢9楼
邮政编码：310004
联系电话：0571—85191733

技术措施

组织精干的施工队伍，在建设单位及监理单位的关心指导下，克服各种困难，严格按照有关施工技术规程、规范施工，力求将整个工程做到最好。在工程的施工过程中，抓好工程隐检工作，不定期地进行质量和进度检查，把质量落实到人，层层把关。在苗木采购中，及时与建设单位沟通，经过苗源实地勘察，确定规格符合设计要求、树形优美、长势好的苗木为工程用苗，并严格按照园林操作规范起苗和种植，种植过程中及时与设计人员沟通交流，合理搭配植物色彩，达到更好的观赏效果。种植后及时采取锄草、浇水、绕干等技术措施，确保苗木成活率。在场地平整中，由于原有场地内垃圾较多，为此花费大量人力和物力将垃圾外运，引进更好的种植土壤，严格要求和严格把关，精心操作，形成了绿地平整项目的良性循环，工程质量大为改观，为苗木成活提供了良好的保证。在园林小品及广场铺装施工过程中，着重抓好工程隐检工作，对工程材料严格把关，对混凝土及砂浆的级配严格控制，严格按施工规范施工，广场铺装及园林小品工程质量达到优良等级。

金

优秀园林工程

中大·杭州西郊半岛项目岸线景观工程东区样板段

建设单位　富阳中大房地产有限公司

设计单位　棕榈景观规划设计院

施工单位　杭州申华景观建设有限公司

起止时间　2013 年 10 月 20 日至 2014 年 1 月 20 日

工程造价　1887.57 万元

工程概况

中大·杭州西郊半岛项目岸线景观工程东区样板段工程位于富阳市江滨东大道，景观面积 31850 平方米。工程主要内容包括园林绿化、园区道路、铺装、景观围墙、景观廊架、景观平台、树阵林荫广场、树池、异形花坛、水电安装等，是一个综合性的园林景观工程。

工程特点

本工程主要为防洪结合改善沿岸景观工程，为集城市河岸保护、城区防洪、沿江环境整治、改善城市环境等多种功能于一体的综合性建设工程。根据《堤防工程设计规范》，本工程为 3 等防洪工程，主要水工建筑物为 3 级水工建筑物，与堤交叉的建筑物（水闸、涵管）防洪等级与主要建筑物一致，次要建筑物为 4 级，临时性建筑物为 5 级。本项目植物配置高低错落、疏密有致、四季有花、红绿相映、别具一格。景观铺装富于变化，着重于凸显景观的层次感，硬质景与软景绿化相互搭配，植物应用上采用樱花、胡柚、桂花、杨柳、广玉兰、沙朴等乔木与红花檵木、毛鹃、金森女贞、金边黄杨、大叶黄杨、红叶石楠等灌木合理搭配，与富春江景形成一条美丽的风景线。由于项目定位较高、工期短、交叉施工严重，所以施工中对施工工序组织、材料组织及机械劳动力的组织就显得尤为重要。调用精英力量，充分做好施工组织方案，合理调配劳动力及材料组织统筹，确保工期，也确保工程的顺利进行。由于一些材料无法在当地采购，施工单位采用在宁波订货，加工镶嵌，并打包装车运送到施工现场进行安装。虽然这样使工程增加了一定的成本，也加大了难度。工程所需苗木数量较大，规格要求较高。苗木供应途径多种多样，供应地点不同，范围较广，远近不一，需求紧张，苗木使用不确定性因素较高。因此，采取如下解决措施：认真阅读图纸，做出绿化材料分析统计，按照各种树种的习性分类，在总施工周期内集中力量做好准备工作，并落实安排人员、机械，迅速进行栽植，按照《园林栽植土质量标准》、《城市绿化工程施工及验收规范》严格控制场地平整、清理，绿化种植土，苗木规格，定点放线，挖穴，种植，修剪整形七个环节，并制定相应的细则。分别与周边绿化苗木培育基地进行密切联系，并签订苗木供应意向书，以拓宽苗木供应渠道。

本项目获得2014年度浙江省“优秀园林工程”金奖

申报单位：杭州申华景观建设有限公司
通讯地址：杭州市秋涛北路77号新城市广场A座8楼
邮政编码：310020
联系电话：0571—86797587

南塘金茂府示范区景观工程

建设单位　方兴地产（宁波）有限公司
设计单位　宁波风景园林设计研究院有限公司
施工单位　杭州华信园林绿化工程有限公司
监理单位　宁波诚信工程建设监理有限公司
起止时间　2014 年 3 月 17 日至 2014 年 4 月 30 日
工程造价　1148.27 万元

工程概况

南塘金茂府示范区景观工程位于宁波市海曙区鄞奉路。总建筑面积 129617 平方米，总用地面积 37066 平方米，其中南塘金茂府示范区景观工程占地面积为 13244 平方米，绿化面积 9485 平方米，水景喷泉、园路、景墙、木平台、铺装（含小区沥青道路）、花坛树池、景观灯具等小品占地面积 2560 平方米。工程内容包括土方回填造型、营养土回填改良、苗木种植及养护、硬质铺装、水景喷泉、景墙、木平台、园路铺装、园林小品及户外灯具基础的构建成型。

工程特点

本项目共计种植绿化乔木女贞、香柚、朴树、栾树、花石榴、蜡梅、红枫、香樟、无患子、红果冬青、乐昌含笑、香泡、雪松、金桂、杨梅、海棠、樱花等 29 个品种，共计 465 株；球类灌木共计 59 种，主要有红叶石楠球、无刺枸骨球、茶花、月季、杜鹃、毛鹃小毛球、红叶石楠小毛球、美人蕉等共计 50498 株，地被有 1020 平方米。植物配置以自然式格调为主，强调植物的多样性和适应性基础上的景观效果，常绿与落叶乔木、观花和观树叶的搭配，呈现出季相变化、层次分明的植物景观，为小区构筑了丰富自然的景观生态园林。体现了自然、美观、大方、精致的特点，在施工中始终贯彻“以人为本，绿色环保”的宗旨，突出“人、健康、环保”三大主题，营造出一个宁静、舒适、恬淡、幽雅的现代化小区。

本项目获得2014年度浙江省“优秀园林工程”金奖

申报单位：杭州华信园林绿化工程有限公司
通讯地址：杭州市拱墅区莫干山路807号能源公司内西三楼
邮政编码：310011
联系电话：0571—28055290

金

优秀园林工程

永和居易景观绿化工程

建设单位　宁波永和建设开发股份有限公司

设计单位　宁波市风景园林设计研究院有限公司

施工单位　宁波市市政设施景观建设有限公司

监理单位　宁波国际投资咨询有限公司

起止时间　2011 年 3 月 18 日至 2011 年 11 月 4 日

工程造价　2764 万元

工程概况

永和居易景观绿化工程位于宁波市海曙区环城西路以东，铁路以西，市检察院以北，河流以南。占地 50000 平方米，绿地面积 30000 平方米。园林景观绿化工程包括建筑物架空层内、小区园路各种铺装，广场、休闲区、喷水池、景观墙、人行桥、长廊、木架、园林绿化及配套水电等景观绿化工程。

工程特点

小区整体设计围绕植物景观群落造景，依托水景对小区各处设置景观焦点。在植物景观中含有高层乔木，中层小乔木及灌木，低层灌木及地被植物，并且贯穿全局。充分利用植物季相的变化使整个小区的景观灵动起来；本小区主要为现代景观设计风格，蕴含植物景观交融人文理念。除了景观因子外，永和居易景观绿化工程最大的特点是以植物造景取胜，施工中充分运用丰富多彩的乡土植物资源，组成各种专类组团，并以植物结合地形起伏来分隔空间，使园林景色更趋自然。在植物空间中配植出多种植物景观，如孤立树、树丛、花坛、各种类型的草地及五光十色的宿根、球根花卉等。

永和居易景观绿化工程的绿化施工讲究配植原则，即通过合理配植，达到“春花、夏叶、秋实、冬干”四季有景的效果。宋朝欧阳修诗曰：“深红浅白宜相间，先后仍须次第栽，我欲四时携酒赏，莫叫一日不花开。”永和居易景观绿化工程植物造景兼顾四季景色，春季观花树种种植主要有含笑、碧桃、樱花等；夏景主要为广玉兰、栀子、石榴等；秋景主要为色叶树种，如枫香、银杏等，还有桂花香味相伴；冬景主要观花树种为梅花、山茶等。

造型树的选择和种植更是永和居易景观绿化工程植物配植的重点。选择树形优美，体现古朴沧桑的造型树孤植，艺术效果尤为明显。此外，植物景观在小局部仿效绘画构图。

永和居易景观绿化工程植物造景中艺术性运用非常高超，景点立意、意境深远，季相色彩丰富，植物景观饱满，轮廓线变化有致。将景色优美、意境深远的景点贯穿起来，使景点各具特色。

水景区域
注意安全

本项目获得2014年度浙江省“优秀园林工程”金奖

申报单位：宁波市市政设施景观建设有限公司
通讯地址：宁波市江东区民安路348号
邮政编码：315000
联系电话：0574—87259622

『森林鄞州』东外环景观绿化工程Ⅰ Ⅱ标段

建设单位 宁波市鄞州区森林鄞州建设工作领导小组办公室

设计单位 汇绿园林建设股份有限公司

施工单位 宁波茂盛园林建设有限公司

宁波市绿茵市政园林工程有限公司

监理单位 宁波科展建设工程监理有限公司

湖北天慧工程咨询有限公司

起止时间 2012年9月11日至2012年12月14日

工程造价 5014.58万元

工程概况

“森林鄞州”东外环景观绿化工程Ⅰ Ⅱ标段位于宁波市鄞州区东外环路（鄞县大道—环城南路）。全长2.5千米，施工总面积14000平方米，主要工程内容为进排水渠修建、种植土回填、堆坡造型及乔灌木种植、色块种植、地被植物铺植、叠景石等。“森林鄞州”东外环景观绿化工程Ⅱ标段绿化面积241600平方米。施工内容包括范围内的苗木种植、养护，种植土回填，砖砌排水沟，D300毫米钢筋混凝土排水涵管及公园内的园路铺装、花坛、坐凳、景墙等。共计铺设土方93800立方米；种植大香樟、沙朴等大乔木53株；种植香樟、广玉兰、深山含笑、金桂、银杏、无患子、女贞等中乔木5189株；种植红枫、日本晚樱、紫薇等小乔木1506株；种植山茶、红叶石楠球、茶梅球、海桐球、红花檵木球等大小灌木2117株；种植红叶石楠、金森女贞、八角金盘等色带71088平方米；草坪铺设59396平方米；砖砌排水沟3940米，砌筑挡土墙1050米。

工程特点

I标段：本工程重视堆坡造型的自然变坡，并规划设计使其平滑顺畅。I标段的土坡达到并体现了高低起伏、错落有致、平滑顺畅、曲线优美的设计效果，为绿化景观效果的完美呈现打下了坚实的基础。在植物种植上，遵循园林美学艺术原理，考量每株植物树势、姿态，结合现场地势、坡向，按照设计要求，适当调整乔灌木种植方位，达到植物造景的良好景观效果。本工程十分重视色块植物的种植效果，测量放样、定点定位结合现场地形坡度，按照设计曲线进行施工，在种植时注重边行密实、弧线流畅。

II标段：本工程施工本着“以人为本，生态鄞州”的原则，充分考虑工程的地域性特点，结合道路运输功能性需求整体布局，因地制宜地进行绿化配置。强调绿化植被的层次性和功能性，进行生态型道路景观功能改造。精心选择常绿植物搭配，实现吸尘、美化环境的效果，同时突出绿色城市理念，缓解视觉疲劳，引导人们感受自然的和谐美好，满足游客、行人对城市绿化环境的需求。工程地形塑造走势流畅，工程施工通过对立体空间的塑造，扩大了绿化面积，在增加景观绿化层次感的同时也为大量植被生长提供了广阔的空间。植被选种以本地乡土植物为主，立足于生态与造景两个方面，丰富多样的植被通过合理的搭配布局，展示出各自不同的特色，同时也彰显宁波的城市之美。

本项目获得2014年度浙江省“优秀园林工程”金奖

申报单位：宁波茂盛园林建设有限公司
通讯地址：宁波市鄞州区石碶街道求精路666号
邮政编码：315153
联系电话：0574—28826658

申报单位：宁波市绿茵市政园林工程有限公司
通讯地址：宁波市江东区兴宁路42弄1号金汇大厦505室
邮政编码：315040
联系电话：0574—87802204

『森林鄞州』福庆路景观绿化工程 I II III 标段

建设单位 宁波市鄞州区森林鄞州建设工作领导小组办公室

设计单位 宁波海津建筑设计有限公司

施工单位 浙江滕头园林股份有限公司　宁波市鄞州园林市政建设有限公司　宁波市交通园林绿化工程有限公司

监理单位 湖北天慧工程咨询有限公司　宁波科展建设工程监理有限公司　奉化市兴烨林业勘察设计事务所

起止时间 2012 年 9 月 11 日至 2012 年 12 月 20 日

工程造价 5786.46 万元

工程概况

“森林鄞州”福庆路景观绿化工程 I II III 标段位于宁波市鄞州区邱隘镇、下应街道、云龙镇、姜山镇范围内，绿化面积 406266 平方米。工程内容包括土方回填造型、绿化种植、养护、砖砌排水沟、排水土沟、钢筋混凝土排水管、机耕路等。

工程特点

“森林鄞州”福庆路绿化景观工程Ⅰ Ⅱ Ⅲ标段是中心城区主要干道综合整治的重要组成部分，是创建鄞州区良好人居环境，弘扬绿色文明，提升城市品位，促进人与自然和谐的重要载体。在园林景观设计上，本工程采取相同的树木品种、规格统一的规则式种植方式，使乔木、灌木、丛植、群植高低错落，层次分明，达到道路两旁树木整齐划一的效果。通过苗木种植严格按设计规格要求和相关栽植技术规范施工，从而构成树干健壮、形体美观、轮廓分明的园林景观效果，达到植树造景、净化空气、改善生态、美化环境的目的，满足人们现代生活的健康要求和审美要求。

电力电缆通道，高压危险！

本项目获得2014年度浙江省“优秀园林工程”金奖

申报单位：浙江滕头园林股份有限公司
通讯地址：宁波市鄞州区天银路55号俊鸿嘉瑞大厦6-8F
邮政编码：315100
联系电话：0574—89017888

申报单位：宁波市鄞州园林市政建设有限公司
通讯地址：宁波市鄞州区堇山中路98号
邮政编码：315100
联系电话：0574—28868900

申报单位：宁波市交通园林绿化工程有限公司
通讯地址：宁波市嵩江东路728弄8号6楼
邮政编码：315100
联系电话：0574—28828121

申报单位：宁波市科展建设工程监理有限公司
通讯地址：宁波市鄞州区下应街道湾底村
邮政编码：315100
联系电话：0574—83008284

组织管理

本工程在建设过程中，交叉工程多，工期紧，建设单位对工程质量要求极高。为了提高福庆路绿化景观工程质量，切实增强施工单位的责任感和使命感，充分发挥施工单位的工作主动性和积极性，确保工程达到预期设计效果，三家施工单位派驻工程的项目经理部，思想上重视、组织上保证，坚持把质量放在第一位。在工程建设中，严格把握好隐蔽工程，精雕细琢抓好面层施工，高度重视绿化工程，及时做好内业资料，认真抓好养护管理，形成了较好的景观效果。

镇海蛟川街道中官路中一拆迁安置小区（银凤晓月）三期项目配套工程景观绿化

建设单位　宁波亚杰置业有限公司
设计单位　宁波市风景园林设计研究院有限公司
施工单位　宁波市镇海天然园林装饰工程有限公司
监理单位　武汉华胜工程建设科技有限公司
起止时间　2012 年 10 月 10 日至 2013 年 9 月 15 日
工程造价　1850 万元

工程概况

镇海蛟川街道中官路中一拆迁安置小区（银凤晓月）三期项目配套工程景观绿化位于宁波市镇海区蛟川街道中官路中一村，用地面积 90786 平方米，总绿化面积 34274 平方米。小区施工图范围内主要包括景观绿化、凉亭、连廊、各运动场、小区宅间道路、围墙、河坎等配套工程（排水、排污、喷灌、照明及音响系统等工程除外）。此工程荣获 2013 年度宁波市“茶花杯”园林绿化建设工程优质奖，荣获 2013 年浙江省、宁波市园林绿化工程安全文明施工标准化工地的荣誉。

工程特点

本工程主入口是连接商业街的大型广场，整个广场呈梯形，布置了简约的几何形跌水池，并结合景观喷水构架、花钵、点状式小水景花坛组景、休闲坐凳等；次入口布置了绿色背景墙，景墙后面种植了高大植物为绿色背景，起到了陪衬入口节点和衬托建筑的干练线条的作用；步行景区轴向分明，景观区域内容丰富，布置了景观亭榭、廊架、健身广场、儿童游乐设施、林荫树阵、景观水池及花坛，为居民提供了最大的活动空间。沿河景观区以现代的造景手法，结合自然草坡形成的驳坎以及运用亲水平台休闲空间、观景廊架、亲水园路、水上挑台等，布置水生植物及造景植物，营造一片生态水岸线。宅间组团景观区在中心景观步行街的两侧进行延伸，布置了景观景墙、花坛、景观绿地、精致的树池、景观廊架等，结合园路两侧植物的围合，形成了半私密的活动空间。

本工程植物种植种类较多，有常绿乔木、灌木，落叶乔木、灌木，水生植物、草坪等。小区内绿化，乔、灌、花、草结合，百慕大等草类地被植物塑造了绿意盎然的植物背景，点缀具有观赏性的高大乔木如香樟、杜英、女贞、广玉兰、黄山栾树、银杏、水杉、金丝垂柳等，中型乔木如白玉兰、日本晚樱、垂丝海棠、红叶李以及丛栽的球状灌木和颜色鲜艳的花卉，高低错落、远近分明、疏密有致，绿化景观层次丰富。从自然环境、物候和地域特点出发，利用好本土植物，创造富有自然气息的景观。植物种类丰富，有良好的生态效应。形成整体统一，具有丰富的季相变化，做到季季有绿、月月有花的景观特色，形成了雅园、逸园这样休闲的庭院风格。

本项目获得 2014 年度浙江省“优秀园林工程”金奖

申报单位：宁波市镇海天然园林装饰工程有限公司
通讯地址：宁波市镇海区镇宁东路 1 号世贸写字楼 1608
邮政编码：315200
联系电话：0574—86266558

金
优秀园林工程

维科·拉菲庄园景观绿化工程

建设单位　宁波镇海维科房地产开发有限公司

设计单位　宁波市风景园林设计研究院有限公司

施工单位　宁波市花园园林建设有限公司

监理单位　浙江工正建设监理咨询有限公司

起止时间　2012 年 8 月 28 日至 2013 年 1 月 16 日

工程造价　1314.01 万元

工程概况

维科·拉菲庄园景观绿化工程位于宁波市镇海区庄市明海大道东侧、合生国际西侧，景观面积 53000 平方米。其施工内容包括景观道路（基础及铺装）、景观小品制作安装、苗木种植与养护、园林建筑工程及配套水电工程、景观照明系统等，以及小区施工图范围内景观绿化和招标文件中所有的平基土石方、残土外运，种植土的采购、运输、平整、回填及换填、造型，灌木、乔木植物种植，园林建筑及景观水电、景观灯具安装等施工图所示全部施工内容，包括景观范围内所有工作井（雨污水、煤气、自来水、电力、电信等）的加高和设计要求的装饰井盖。

工程特点

该园区内喷泉水景池较多，色样各异；铺装花色搭配，铺贴花样多变，做到一景多样的图案。为了达到景观效果，石材表面平整，缝隙均匀，灌缝饱满，无积水翘曲现象，与各类盖框拼接平整，与花木形成相得益彰、渐显高贵奢华的品质。通过精致的压顶、美妙的喷泉口这些细节的处理来营造一个更具独特、精致做工的景观空间。

本项目获得2014年度浙江省“优秀园林工程”金奖

申报单位：宁波市花园园林建设有限公司
通讯地址：宁波市科技园区清水桥路21号
邮政编码：315012
联系电话：0574—87452758

施工管理

为了进一步提高施工人员的质量管理意识，组织现场施工技术人员学习施工图纸等有关质量验收标准，并组织讨论，明确目标，落实措施并付诸实施。建立严谨的质量管理体系，树立“质量第一”宗旨，落实岗位责任制，做到自检、互检、交检，积极预防、消除质量隐患，杜绝返工的要求。施工全阶段各工序制定出相应的施工方案，各工序严格落实“四定”要求，即定班组、定人员、定材料、定标准，落实“样板制”，严把材料关，对所有苗木、材料进行严格控制，不合格绝不使用。

宁波万科城一期 A 标段景观工程

建设单位 宁波中万置业有限公司
设计单位 杭州安道建筑规划设计咨询有限公司
施工单位 宁波市天莱园林建设工程有限公司
监理单位 浙江省工程咨询有限公司
起止时间 2012 年 12 月 10 日至 2013 年 3 月 30 日
工程造价 594 万元

工程概况

宁波万科城一期 A 标段景观工程位于宁波市镇海区。工程绿化面积 17000 平方米。主要工程内容包括凉亭、景墙、水池、花坛、园路及其铺装以及各类乔木、灌木、地被、草坪和水生植物种植等。

工程特点

本工程不仅增加及调整了部分高大乔木，也点缀了部分亚乔木。绿化植被不管从密度上、视觉上，还是景观效果上都有了很大的提高。而且坚持使用乡土树种，在保持高标准的绿化水准的前提下，也压缩了造价，使得性价比更高，效果也更理想。在施工过程中，特别注重小区的绿地造型，在土方造型的施工过程中，对每个坡顶进行了定位及标高测量，土方造型完成后，坡度自然曲线顺畅，另外还利用灌木的高低错落进行分层，使得整个绿地造型更有层次感。木地板、栏杆等木结构材料均采用菠萝格防腐木，钢结构选用热镀锌型钢，并在公园广场边安放木结构坐凳，符合人性化设计的需求。

本项目获得 2014 年度浙江省“优秀园林工程”金奖

申报单位：宁波市天莱园林建设工程有限公司
通讯地址：宁波市江东区兴宁路 456 号东方商务中心 1 号楼 410 室
邮政编码：315040
联系电话：0574—87895312

沿海中线（太河路—洋沙山东八路）两侧绿化工程

建设单位 宁波滨海新城建设投资有限公司
设计单位 宁波市花园园林建设有限公司
施工单位 汇绿园林建设股份有限公司
监理单位 宁波海城工程监理有限公司
起止时间 2012 年 10 月 26 日至 2013 年 5 月 20 日
工程造价 4444 万元

工程概况

沿海中线（太河路—洋沙山东八路）两侧绿化工程位于宁波市北仑区春晓镇沿海中线周边，东起洋沙山东八路，西至太河路，全长 4800 米，绿化总面积 239100 平方米。项目主要包括土地整理、景观绿化、土坡造型及排水等景观工程内容。

工程特点

本工程主要内容为道路两侧绿化，施工范围内道路较长、绿化面积大且沿线分散，具有点多面广的施工特点，施工作业面比较分散，需做好协调工作，合理安排工序间的配合，采取流水作业的施工方式。工程所处沿海中线已投入使用，具有场外交通比较有利的特点，但路上车辆较多，材料、人员进出场需时刻注意交通安全问题。工程苗木类型较多，种植苗木周期长，需采取假植等方法保证苗木的成活率。

本项目获得 2014 年度浙江省“优秀园林工程”金奖

申报单位：汇绿园林建设股份有限公司
通讯地址：宁波市北仑区长江路 1078 号好时光大厦 15、17、18 楼
邮政编码：315800
联系电话：0574—55222504

施工管理

组建强有力的项目经理班子，委派优秀项目经理及施工管理人员组成的项目部参加工程施工管理，选择精干的施工队伍和精良的施工机械来参与本工程建设。建立科学、合理的施工质量保证体系是保证工程质量的根本。对本工程的质量保证体系，将按工程创优这一目标进行建立，体系管理网络科学、合理，制度严密，配备的管理人员技术硬、素质高、责任心强。调派有技术，有整体观念，能实干巧干的班组，直接参与施工，杜绝分包。开工初期，将组织人员考察和选择各种原材料资源，择优选购，禁止不合格材料用于本工程。同时根据施工方案，调配各种所需的机械设备，加大投入，保证本工程顺利完成。选择科学合理的施工方案，并切合实际编制施工进度计划，根据本工程结构特点，整体工程按总体方案顺序施工，以绿化为主，带动其他附属工程同步进行，以主体结构为主导工序，绿化、排水施工实行平面流水立体交叉作业。积极推广使用新技术、新工艺、新材料。

太河路沿线土地整理项目（G 329 公铁立交桥—溪岙岭隧道）工程

建设单位 北仑区人民政府大碶街道办事处

设计单位 浙江尼塔园林景观发展有限公司

施工单位 浙江跃龙园林建设有限公司

监理单位 宁波高致工程监理有限公司

起止时间 2011 年 11 月 5 日至 2012 年 12 月 30 日

工程造价 3175.25 万元

工程概况

太河路沿线土地整理项目（G 329 公铁立交桥—溪岙岭隧道）工程位于宁波市北仑区太河路。工程绿化总面积 101687 平方米，包括园路、景观、排水、绿化工程等内容。主要工程量有栽植乔木 5214 株，栽植灌木 1615 株，栽植色块 3991876 株，铺种草皮 35471 平方米，施工排水沟 870 米，园路 635 米，砌筑挡墙 1668 米，停车场 1 个。

工程特点

本工程具有苗木多样性、群落自然化的特色。注重乔木的个体形态以及不同植物的组合形式来表现不同的空间和不同的意境。地被植物如吉祥草、马尼拉草、黑麦草等，小灌木如洒金珊瑚、红叶石楠、金森女贞等，乔木如香樟、红枫、银杏、榉树、金桂等，水生植物如水葱、黄菖蒲、花叶芦竹等。地被植物、小灌木、乔木、水生植物等相互搭配、合理配置，营造了丰富多样的景观效果，为整个景观增色不少。

绿地景观地势的造型设计线条流畅，曲线优美。园路的弧度曲线自然圆滑、衔接顺畅，路两旁的绿地造型此起彼伏，给人以幽深宁静的安详感；临近隧道口的中间绿化带地势高低起伏，线条优美，再搭配上高低错落的植物配置，给人以美的视觉享受，使得开车的司机减少疲劳感。

本项目获得2014年度浙江省“优秀园林工程”金奖

申报单位：浙江跃龙园林建设有限公司
通讯地址：宁海县桃源街道兴工二路199号
邮政编码：315600
联系电话：0574—65588476

新技术、新工艺的应用

本工程在树木移植施工中，针对树木不同部位使用不同的化学药剂处理明显提高了成活率，促使树木茁壮生长：一是对树冠和根系在施工过程中造成的伤口涂刷伤口愈合剂，可防止树液流出，特别是在冬季可免受霜冻，并能促使愈伤组织更快地形成。二是在树冠和树干上喷蒸腾抑制剂，使树木表面气孔缩小以至关闭，减少蒸腾失水，平衡地上部分和地下部分的水分关系，有利于树木成活。三是对树木根部喷生根素，促进根系发育，尽快恢复树系的吸收功能，提高其成活率。

金 优秀园林工程

宁海县华山公园工程

建设单位　宁海县住房和城乡建设局

设计单位　杭州潘天寿环境艺术设计有限公司

施工单位　宁波东恒市政园林建设有限公司

监理单位　宁波力豪建设工程监理有限公司

起止时间　2012 年 2 月 7 日至 2013 年 8 月 18 日

工程造价　874.21 万元

工程概况

宁海县华山公园工程位于宁波市宁海县跃龙街道华山村东侧，北靠时代大道，东临兴海北路。工程总面积 63150 平方米，其中景观及广场 6000 平方米，公厕、休闲亭、车行道 8150 平方米，园林绿化面积 49000 平方米，工程内容为市政景观和园林绿化；其中市政景观包括广场 6000 平方米，公厕、休闲亭、车行道、园路 8150 平方米；园林绿化包括乔木种植 1551 株、灌木种植 4801 株、花境栽植 27096 平方米、花卉栽植 3069 平方米、铺种草皮 17505 平方米。

工程特点

本工程施工现场环境复杂，施工难度大、工期紧，质量要求高，设计风格要求把握准确。施工种植苗木多，技术要求高。各施工工序要求紧密配合，平行交叉进行，保证在规定的时间内完成所有的工程，创造一个环境优美的华山公园。

本项目获得 2014 年度浙江省“优秀园林工程”金奖

申报单位：宁波东恒市政园林建设有限公司
通讯地址：宁海县桃源街道金水路柔石公园北大门
邮政编码：315600
联系电话：0574—65201073

技术措施

1. 施工质量保证措施。为了切实落实“质量第一”宗旨，以优良工程为质量目标，精心组织，精细施工，并实施了三级管理的质量管理体系。第一级为具体操作班组质量员管理。第二级是项目经理部专职质量员，负责对第一级班组质量员的工作进行检查，并负责对各道工序的检查和验收工作。例如：对进入现场的绿化苗木做到验规格、验品种、验质量、验数量，不符合质量标准的一律剔除且不得进入现场，把好工程质量第一关。第三级是由单位工程管理部门人员组成，负责对第二级管理人员实施监督、检查，并负责内业资料的汇总和归档工作。

2. 安全文明施工措施。人员在进场前都需接受安全生产教育，严格遵守单位的规章制度，提高安全防范意识。安全员随时对施工现场进行安全检查，有危险地段，立即挂牌示警。施工人员进入施工现场必须自觉遵守各项规章制度，穿戴整齐，正确使用各种劳动保护用品，工作中团结协作，互相帮助。经理负责施工场地文明卫生检查和督促工作，并按文明施工技术组织措施对施工人员进行考核。安排 4 名工人对施工中的废弃物及时打扫，做一层清一层，做到活完场清，保持现场整齐、清洁，道路畅通。养护过程中，养护工人及时清理药物废旧瓶及修剪下来的树枝、草叶等。

3. 环境保护措施。提高劳动生产率、降低物耗、消除污染、美化环境、提高工程质量、延长机械使用寿命，有效地防止火灾事故，减少安全隐患。

福明家园二期西区项目绿化工程

建设单位 宁波市建东置业有限公司

设计单位 浙江筑奥景观设计有限公司

施工单位 九峰海洋生态建设集团有限公司

监理单位 浙江明康工程咨询有限公司

起止时间 2013 年 2 月 19 日至 2013 年 4 月 15 日

工程造价 590.48 万元

工程概况

福明家园二期西区项目绿化工程位于宁波市江东区通途路以南、规划路以西、福明路以东、民安路以北，为新建福明家园二期的附属绿化工程。绿化总面积 33083 平方米，铺装 5000 平方米。主要包括室外道路、土方工程、景观小品、绿化苗木、园林建筑等内容。工程获得 2013 年度宁波市“茶花杯”园林绿化建设工程优质奖。

工程特点

本工程景观设计以人为本，突出人性化和生态化，以达到人、环境和自然的共存和融合，力求达到高起点、高标准、高水平、高质量，突出高品位创意，坚持原生态绿色规划。重视绿色空间的序列组织，重视生态群落的组织，注重一年四季的色彩搭配。

绿化配置内容丰富，形式多样，结合各式休息亭、演艺广场、木栈道、花架等景观小品，穿插景观步道与功能性的活动器械，营造出雅致、休闲、随意、自然、和谐的景观情趣，为小区带来了得天独厚的自然景观，也成为小区天然的氧吧。

本项目获得2014年度浙江省“优秀园林工程”金奖

申报单位：九峰海洋生态建设集团有限公司
通讯地址：宁波市高新区星海南路100号华商大厦9楼
邮政编码：315000
联系电话：0574—27968588

技术措施

本工程由于施工任务重、工期短、穿插作业多，针对项目实际，积极与各参建单位协调，配合设计进行现场深化施工；同时，根据本小区已有部分业主入住的情况，采取分段分时的流水线施工方式，对施工区域分段围挡，严格采取防尘、降噪、不扰民措施，保证工程项目建设的安全、文明、优质。小区铺装石材材质、规格、色调复杂，包括广场、人行道、停车位施工，观感质量、使用质量难以同步控制。项目部对各种不同类型的铺装，事前开展样板试验，确保工程效果后，再进行大面积铺装作业。对较难掌握的异型板材铺装，还进行了QC小组活动，采取制作多边形板材切割活动角度尺与网格法相结合施工，在保证使用质量的同时，有效提高了铺装面的感官质量。工程苗木种植品种较多、工程量大，为提高苗木成活率，项目部从源头上抓苗木质量，进行起苗、运苗、栽植、养护的全过程管理。用草绳或草袋片、包装片包装土坨，轻拿轻放，运输时加盖篷布，苗木喷水，种植时适当放大树坑，回填熟土，灌水时，灌足、灌透。较大的树木采用牢固支架支撑，确保苗木树形完整。并且按规范要求将现场土样送宁波土肥站进行理化分析，有针对性地确定改良措施，对后续苗木生长起到了促进作用。小区绿化，分块较多，存在小区独立性的问题。本工程积极配合设计单位进行绿化施工深化工作的开展，并根据自身多年的施工经验，提出合理化建议，解决小区内的独立性等问题，施工中采用大小苗木搭配、增加苗木层次等方法解决，利用疏密有致的种植方式达到步移景换的效果，行道树树木挺拔，树形完美，分枝点高。

宁波东部新城宁穿路——福庆路地块市政基础设施及外围附属工程

建设单位 宁波开投置业有限公司
设计单位 宁波市城建设计研究院有限公司
施工单位 宁波市花木有限公司
监理单位 宁波国际投资咨询有限公司
起止时间 2011年9月16日至2012年9月10日
工程造价 4880万元

工程概况

宁波东部新城宁穿路——福庆路地块市政基础设施及外围附属工程位于宁波东部新城福庆路以西、河清路以东、惊驾路以南、宁穿路以北，建设规模136500平方米，绿地面积为62240平方米，其中一层绿地面积49866平方米，屋顶花园绿地面积12374平方米。绿化种植主要划分为D1-1（含河道H1段、H2段）、D1-2（含河道H3段）、D1-3（含河道H4段）三个区块。主要建设内容包括铺装、景墙、水池、花坛、园路及各类乔木灌木、地被、草坪等种植工程。

工程特点

本工程苗木种类比较多，且相对应的工程量也比较多，其中乔木有银杏、灯台树、广玉兰、香樟等，灌木有茶叶、银边海桐、金钟花、金丝桃等，栽植色带及花卉有金叶苔草、蝴蝶花、溪荪鸢尾、山麦冬、大花萱草、景天等，水生植物有水芹、泽苔草、灯心草等，竹类有菲白竹、黄纹竹、红哺鸡竹等，铺种的草皮为果岭草铺。

工程银杏的种植工程量较大，且各区块均有种植，如 DA-1A（红线内）区块有胸径 18.1——20 厘米的银杏 118 株，D1-1B（红线内）区块有同规格银杏 122 株，D1-2A（红线内）区块有 168 株，D1-2B（红线内）有 110 株，DA-1A（红线外）区块有 48 株，D1-1B（红线内）区块有 84 株及宁穿路以北（红线外）有 108 株等。

本项目获得2014年度浙江省“优秀园林工程”金奖

申报单位：宁波市花木有限公司
通讯地址：宁波市海曙区恒春街75号6号楼
邮政编码：315012
联系电话：0574—87461016

国际财富中心（DM-8-B 地块）景观工程

建设单位 宁波和美置业有限公司

设计单位 棕榈园林股份有限公司上海分公司

施工单位 杭州萧山园林集团有限公司

监理单位 宁波广天建通工程管理有限公司

起止时间 2013 年 2 月 24 日至 2013 年 8 月 6 日

工程造价 2700 万元

工程概况

国际财富中心（DM-8-B 地块）景观工程位于宁波市高新区杨木碶路 666 号。占地总面积 37000 平方米，铺装面积 16000 平方米，绿化面积 12000 平方米。工程内容包括景观水系、景观休息廊亭、消防通道、休闲林荫广场、木平台、园路铺装、种植土回填、绿化、围墙、景观照明、给排水等。

工程特点

本工程突出“人·水·环境”的设计主题，以现代景观学营造都市丛中天然氧吧的生态理念为主轴，采用规则与自然相结合的方式，体现现代健康休闲的生活时尚，融合中国园林穿、透、掩、映，虚实相映的空间布局。总体规划以“花·径·溪”作为一大特点，依据“虽由人作，宛自天开”的设计理念及“智者乐水，仁者乐山”的人类情感感知，以“温馨家园的鲜花”、“健康生活的小径”、“园林意境的溪流”三维立体景观留住大自然的美，创造出巧夺天工的精致景观，营造出一个时尚、经典、雅致的现代化高品质家园。

小区共设两个出入口，其中北入口作为小区的主要出入口，连接小区内7米宽消防通道，东入口作为小区的次入口。中庭景观施工围绕“花·径·溪”这一主题，从整体出发，以丰富的植物景观和时尚、简约、自然的艺术环境相互映衬，营造一个人性化的大庭院空间。同时，工程根据居民需求设计了树阵广场、喷泉广场、亲水广场等活动区域分布于各栋楼之间。

结合现有条件及地形改造，本工程营造了各种类型的植物群落，种植体现“量大为美”的原则，依据场地情况种植成密林型、疏林草地型、缀花草地型等模拟自然群落的生态景观。在保证成活的前提下，植物种类尽可能多样化，做到特点突出、季节明显、层次丰富。形成绿视率高、生态效益好的景观空间，既为人的活动提供多样的植物景观空间，也为各种动物提供生息之所。乔木主要有桂花、杨梅、香泡、日本晚樱、香樟、朴树、杜英、白玉兰、紫玉兰、榉树、黄金槐、紫薇、银杏、榆树、红叶李、西府海棠、红枫、山茶等；棕榈类主要有加拿利海枣、华棕等；散植大灌木主要有红叶石楠、枸骨球、茶梅、苏铁、龟甲冬青、红花檵木、鸭脚木等；地被植物主要有红花檵木、龟甲冬青、茶梅、金边黄杨、春鹃、夏鹃、小叶栀子、大叶栀子、洒金珊瑚、八角金盘、亮叶忍冬、南天竹等。

喷灌水源取用自来水及景观水系，灌溉水源方式为集中控制，采用手动启动，主要通过取水阀灌溉；雨水口连接管采用DN225加筋UPVC管，位于铺装地面上的检查井及雨水口全部采用不锈钢井框装修，保证了铺装地面的美观；景观照明灯具按照使用功能分为庭院灯、草坪灯、地埋灯、射灯、水底灯及装饰灯等。

CarSafe

本项目获得2014年度浙江省“优秀园林工程”金奖

申报单位：杭州萧山园林集团有限公司
通讯地址：杭州市萧山区萧金路308号
邮政编码：311201
联系电话：0571—82677735

伊顿国际 BC 组团景观工程

建设单位　余姚伊顿房地产开发有限公司

设计单位　北京墨臣工程咨询有限公司

施工单位　宁波海逸园林工程有限公司

监理单位　宁波市斯正建设监理有限公司

起止时间　2010 年 11 月 8 日至 2011 年 10 月 24 日

工程造价　3000 万元

工程概况

伊顿国际 BC 组团景观工程位于余姚市新西门以西、谭家岭路以北，绿化种植及景观总面积 61381 平方米。施工主要内容包括绿化、硬质景观、小品、水景、水电路铺装、土方造型等工程。

工程特点

本工程亮点是其建有余姚市最大的人工湖，社区规划以欧洲经典园林景观为主，其自然水系以不规则的形式展现，亲水木平台、小品、喷水、台阶喷水等琳琅满目，加上水系边线石块自然堆砌，一切宛如天成。这些石头采集于南方，自然散置于岸边。天然卵石坝式的形成、重跌的流水、茂盛的植物构成了石级的特殊美景，给人以一种望水悠然的感觉。

本项目获得 2014 年度浙江省“优秀园林工程”金奖

申报单位：宁波海逸园林工程有限公司
通讯地址：宁波市海曙区中山西路 2 号（恒隆中心 15-4 室）
邮政编码：315300
联系电话：0574—23700797

金 优秀园林工程

余慈连接线（城东路）绿化改造工程

建设单位 余姚市高铁站场建设投资有限公司
设计单位 华汇工程设计集团股份有限公司
施工单位 浙江人文园林有限公司
监理单位 宁波国际投资咨询有限公司
起止时间 2013 年 5 月 3 日至 2013 年 5 月 22 日
工程造价 4300 万元

工程概况

余慈连接线（城东路）绿化改造工程位于余姚市凤三街道城东路，总面积 67000 平方米。工程主要内容为景石叠放和绿化种植两部分，主要有中央隔离带、机非隔离带、道路两侧绿化带等，绿化种植部分主要包括乔木、灌木种植和草坪铺设。

工程特点

本景观工程为道路绿化改造工程，为了保证好的景观效果及良好的苗木长势，土方相对标高基本控制在1.2米至2.0米之间，为了有利于两侧绿化排水的问题，采用在大乔木种植时放置排水盲管的做法，提高乔木成活率。考虑到道路视线问题，在植物配置上利用当地优厚的植物条件，采购了一批特大的香樟、沙朴、桂花、胡柚、中山杉等乔木来营造每一个不同的植物景观。中央隔离带和机非隔离带采用了香樟做行道树，下层铺种草坪，两侧绿化带则种植中山杉、黄山栾树、合欢、无患子，点缀以沙朴、大香樟等景观树种，下层主要用月季、红花檵木、毛鹃、红叶石楠、兰花三七、麦冬、洒金珊瑚等做成自然式地被景观，让人有一种清新、整洁的感觉。休闲大草坪是主要休闲地，面积较大。在植物配置上，乔木以中山杉为主，形成中山杉林，下层配以红枫、紫薇、石榴、樱花、玉兰等多种开花植物，形成四季景观，特别是春季红枫的红色系让中央休闲大草坪热闹非凡。因为草坪面积较大，工程采用大面积的黄沙埋设来解决草坪的排水及平整度问题；在植物配置上运用了围合的手法，以高大的水杉、香樟、构树、木荷、大规格的桂花作为骨架，中层采用色叶树红叶李、红枫及开花植物如桂花、茶花、紫荆、紫薇等，层层围合，高低错落，创造出一个自然、安静、舒适的环境。大量运用开花植物如梅花、紫薇、石榴等，同时运用阔叶植物如广玉兰、红玉兰等，形成鲜明的对比手法。整个景观的营造通过对道路的了解分别形成不同的组团，在植物配置上分别以樱花、玉兰等植物为主位置，重点突出各自组团的主题，能够达到一步一景，更加丰富整条道路的景色，在各主要节点上配以花境来突出亮点。

本项目获得 2014 年度浙江省“优秀园林工程”金奖

申报单位：浙江人文园林有限公司
通讯地址：杭州市天目山路 223 号
邮政编码：310013
联系电话：0571—86772111

中心城区一横一纵329国道、新城大道道路综合整治——绿化工程

建设单位　慈溪市园林管理处
设计单位　上海市政设计工程研究总院（集团）有限公司
施工单位　慈溪市天力园林绿化工程有限公司
监理单位　宁波市斯正建设监理有限公司
起止时间　2012年12月19日至2013年2月5日
工程造价　1173.68万元

工程概况

中心城区一横一纵（329国道、新城大道）道路综合整治——绿化工程位于慈溪市，系道路绿化工程，工程包括329国道和新城大道，工程全长9058米，其中329国道5480米，新城大道3578米，总绿化面积17300平方米。工程主要内容有土方工程、绿化种植工程和花箱、花槽的安装及草花布置。回填土和更换土方6800立方米，种植各种乔木、灌木2400株，色块2000平方米，铺设草坪6800立方米，布置时令草花4646平方米，建造各种经典花境150个，安装花箱666只、花槽2650只。工程先后获得了慈溪市“月季花杯”、宁波市“标化”工地、宁波市“茶花杯”、浙江省“标化”工地等荣誉。

工程特点

中心城区一横一纵（329 国道、新城大道）道路综合整治——绿化工程为慈溪市重点民生工程，工程采用大量花境用于布置道路建设，这在慈溪市实属首次，工程难点主要是时间紧、任务重、要求高、难度大（施工地处交通要道，车流十分密集）。

本项目获得2014年度浙江省"优秀园林工程"金奖

申报单位：慈溪市天力园林绿化工程有限公司
通讯地址：慈溪市前应路精英大厦
邮政编码：3115300
联系电话：0574—63105986

技术措施

1. 前期准备周密安排。在施工准备阶段组织项目部人员进行施工现场勘查，根据勘查情况结合施工要求编制施工组织方案，制订苗木采购、施工进度计划、质量保障机制、安全文明管理制度等，使工程施工管理纳入规范化管理轨道。实施工程人员和管理制度采取上墙制度，对工程管理人员和管理制度进行上墙公示，以加强项目管理的监管力度。

2. 采购过程严把质量关。对工程采购的所有苗木、时令草花、草皮、花境植物及营养土进行精心筛选，组织人员对盆景苗木、时令草花、花箱、花槽进行提前采购和种植，做到能提前做的工作就提前安排开工，不使施工有空隙时间，确保进场材料精中求精，不出偏差。

3. 在施工中把好种植关。有了好的施工材料是前提，种植好坏是关键。为此，严格按照技术操作规程进行绿化种植把关，凡是上一种植环节不符合要求的，就不得从事下一种植环节，做到种植环节一关扣一关，确保种植质量不走样；对于不能提前施工的，与其他单位工程有先后关系的，搞好与其他单位工程的衔接，做到其他单位工程完成一项，就跟进施工一项，如绿化隔离带的施工，采取道路完成一段，便跟进该段工程的施工一段。还改进施工作业方法和充分利用休息时间和延长作业时间的办法进行现场施工作业，确保了工程如期按质完成。

4. 邀请专家进行技术把关。在工程施工期间特意邀请资深园林专家到现场进行技术指导，通过专家指点，解决工程施工中的技术革新难点和相关质量问题，使工程质量问题解决在工地现场施工之中，有效的减少了施工成本。

方淞线机非隔离带及行道树绿化工程

建设单位　慈溪市慈东工业发展有限公司
设计单位　宁波市风景园林设计研究院有限公司
施工单位　慈溪鸣山园林工程有限公司
监理单位　杭州天恒投资建设管理有限公司
起止时间　2012 年 8 月 15 日至 2012 年 12 月 17 日
工程造价　511.52 万元

工程概况

方淞线机非隔离带及行道树绿化工程位于慈溪市慈东滨海区方淞线段，南起沿海北线与方淞线交叉口，北到金海路与方淞线交叉口段，面积 31000 平方米。主要工程内容包括土方回填、绿化带苗木种植、行道树香樟种植及养护等工程。共计种植乔木 3499 株、灌木 1212 株、绿篱 17474 平方米、草皮 4633 平方米。

工程特点

本工程着眼提高公路绿化的层次感，以种植高大乔木、小乔木、花灌木、色叶小灌木、地被植物形成多层次、高落差的绿化格局。本着“多栽乔木，少栽甚至不栽草”的宗旨，实现从“路边有绿化”到“道路从森林中穿过”的设计理念的跨越，实现公路绿化带的长远性与可持续性。通过提高绿化种植密度，本工程极大地提高道路绿化的含绿量，重要路段力求工程竣工时即有很好的绿化效果。由于道路绿化的管理难度较高，本工程做到重点突出，在城市外围、绿岛进行重彩浓墨的刻画。由于本工程位于滨海区域，树种选择的合理性是盐碱地绿化成功的另一关键要素，因此本工程运用的树种都是适应盐碱地生长的，这大大提高了绿化苗木的成活率。

本项目获得2014年度浙江省“优秀园林工程”金奖

申报单位：慈溪鸣山园林工程有限公司
通讯地址：慈溪市浒山街道和润公寓1幢707
邮政编码：315300
联系电话：0574—63895117

杭州湾新区中心湖（八塘江南侧）景观绿化工程——西区

建设单位　慈溪杭州湾滨海开发投资有限公司
设计单位　中国美术学院风景建筑设计研究院
施工单位　浙江森禾种业股份有限公司
监理单位　杭州天恒投资建设管理有限公司
起止时间　2012年2月1日至2013年5月31日
工程造价　13659.81万元

工程概况

杭州湾新区中心湖（八塘江南侧）景区绿化工程（西区）工程位于宁波市杭州湾新区中心湖，建设区域为以杭州湾中心湖为中心主体，沿中心湖水岸东至滨海大道，西至中心一路，南至滨海一路，北至八塘江北岸城市规划馆广场及周边水岸，是杭州湾新区未来重要的形象窗口之一。占地总面积150000平方米，其中绿化面积为95734平方米。该工程项目主要建设内容为土石方工程、土壤改良、绿化种植、木栈道工程、铺装、景观小品、网球场、篮球场、给排水工程、电气工程等。共种植乔木2552株，花灌木、球类灌木693株，地被植物24204平方米，草坪57833平方米，水生植物19418平方米，草花6279平方米；硬质铺装37652平方米；建设桥梁、木栈道各1座，大小景观水池5个；铺设排水管道3840米，排污管道525米，给水管道4737米，电力管道862米。

工程特点

本工程克服区域气候条件恶劣、土壤肥力差、盐碱化程度高、地势平坦等不利条件，综合利用多种土壤改良技术，有效改善植物立地环境，围绕中心湖面，通过巧妙的地形处理、景观水系营造、生态湖岸线处理，园路铺装以及各色树种景观林带的大气布局，营造了一个色相丰富、季相分明、开合有度、疏密有致的生态型湖滨公园绿地，是国内将滨海盐碱地改造成城市生态公园的一个成功探索和实践。

通过独具匠心的设计和精心的施工，本工程将原先杂草丛生的滨海盐碱地营造成了一个富有自然和人文气息的滨湖公园绿地，不仅为栖息地的生物提供了一个环境幽雅的水岸生态空间，也给周边居民创造了一个动静结合的游览休闲公共场所。

浙江森禾种业股份有限公司

本项目获得2014年度浙江省“优秀园林工程”金奖

申报单位：浙江森禾种业股份有限公司
通讯地址：杭州市江干区钱江新城香樟路2号泛海国际A座19-20楼
邮政编码：310007
联系电话：0571—28932222

新技术、新材料运用

本工程地处杭州湾新区沿海，土壤盐碱化程度较高，土壤改良成为工程的关键环节。项目施工中严格遵循“科学规划，科学种植，先地下，后地上，先土建，后绿化，先改良，后种植”的方法，确保各种绿色植物在盐碱地上安家落户，达到了预期效果。在改土技术上，采用了水利改良法、微区土壤改良、深翻土壤、隔盐层处理、生物技术改良（套种绿肥）、增施有机肥料、施用盐碱土专用改良剂等多种新技术、新措施，有效改善土壤的透气性、肥效性、保水性和酸碱度，为植物的健康生长奠定了良好基础。

在道路、地面铺装上，根据设计要求，在花坛边、小广场、低洼处采取了卵石、细砾石、沙石等不同材料进行处理，既环保又节能。例如，彩色砾石漫步道，米黄色的透水砾石取代大面积的硬质铺装，形成一条条亲水且悠闲的水岸步道，让人可以悠然漫步、感受悠闲的水岸景观。在主要景观带树池覆盖松树皮，既有利于保持土壤水分、改良土壤，又能有效抑制杂草生长，起到良好的美化作用，经济环保。

金

优秀园林工程

万翔美域·花苑景观附属工程

建设单位 宁波万翔房地产开发有限公司

设计单位 中国美术学院风景建筑设计研究院

施工单位 浙江天地园林工程有限公司

监理单位 慈溪市建设工程监理咨询有限公司

起止时间 2010年10月11日至2011年5月1日

工程造价 2271.56万元

工程概况

万翔美域·花苑景观附属工程位于慈溪市。景观工程施工面积18300平方米，工程内容包括小区景观、绿化、围墙、景观照明等，土建部分为水景、木亭、园路、铺装小品等。

工程特点

本工程的绿化乔木、灌木搭配高低错落、疏密有致，层次美感无不蕴含其中。所用植物多达百余种，种植有香樟、沙朴、广玉兰、红花木莲、银杏、金丝垂柳等1000株，达到了季节分明、四季赏花的效果。种植毛鹃、小叶栀子、金叶女贞等1000平方米，草皮6000平方米。种植土回填造型，景墙、园路、岗亭、水景、廊架、石材铺装等亦别具特色，使之尽量融于欧式建筑风格的整体架构之中。

本项目获得 2014 年度浙江省“优秀园林工程”金奖

申报单位：浙江天地园林工程有限公司
通讯地址：杭州市天成路神州白云大厦 2 幢 9 楼
邮政编码：310004
联系电话：0571—85191733

技术措施

1. 选树。选择生长状况良好的树苗，而且有着优美的树形姿态。

2. 修剪。用疏枝修剪法进行修剪，将树冠内的衰老枝、徒长枝、平行枝、内膛枝、重叠枝修去。适当将主枝短截至饱满芽处，消耗掉地上部分的水分。这种做法不仅能够保证移栽树木的成活率，还能保证树木长成后有优美的骨架。在移栽过程中，尽量减少水分的蒸腾，通过树枝修剪法和除去部分叶片的方式来实现。

3. 挖掘、包装、运输。在树木根部方圆 10 厘米左右进行挖掘，然后在切根环状沟外侧稍远处进行包扎。移栽时期的气候比较干旱，则应在挖掘之前的几天进行灌水，以避免土球的松散。较大树木要在晚上装运。出发前，对树木的叶面进行喷水处理，并用雨篷布将植株遮盖起来，避免水分的过度蒸发。大树吊装到穴后，将断枝修去，将树身立直。做好临时固定措施后，再放下钢丝绳。

4. 挖穴、土壤处理。挖穴的大小适中，否则不利于树木生长。在树穴中填入营养土或者有机肥料，以保证树木根系能够获得充足的营养。换土的土质要肥沃、输送、透气性好、排水性好、酸碱适中。

5. 种植。首先考虑的是观赏方向。应该将树冠丰满、造型完美的一面朝向主要的观赏方向。栽培深度的标准是土球略高于地面，支稳树身之后，将包装物拆除，树木下坑后，填上疏松的营养土，然后夯实，每加一层土，都要夯实。另外，对不同的树木，采用不同的方式进行种植，如对于小乔木和大灌木，采用初级种植法，及对于香樟、银杏等树木要采用中级种植法。

金

优秀园林工程

『上虞宝华和天下』绿化景观工程

建设单位 上虞恒业房地产开发有限公司

设计单位 汉嘉设计集团股份有限公司

施工单位 浙江良康园林绿化工程有限公司

监理单位 浙江智杰建设管理有限公司

起止时间 2012年6月16日至2012年11月15日

工程造价 1650万元

工程概况

“上虞宝华和天下”绿化景观工程位于浙江上虞经济开发区舜江西路以西、五星路以北、聚英路以东，绿化面积30000平方米。工程以房屋周边绿化布置景观为主。房屋周边及道路两侧以常绿、落叶乔木更替形成高层次骨架，下层以各色花灌木及新优地被植物形成错落有致的特色花境。骨干树种有榉树、朴树、香樟、香橼、广玉兰等。

工程特点

植物的合理配置营造了人工的自然群落。小区在绿化施工时，结合设计理念，适当调整植物种植布局，力求在植物种植时做到疏处能跑马，密处不容针。在树种配植时，大量使用本土植物，以强调植物的生态适应性，突出植物的季相变化，以乔木为主的乔、灌、花、草合理配植，以体现人工植物群落，速生与慢生、常绿与落叶科学合理搭配，生态效益和景观效益相结合，并且尽量使用乡土树种，确保其成活率及优美的形态。选用树种有乔木类，如榉树、朴树、香橼、无患子等；亚乔木、灌木类，如红叶李、红枫、茶花、鸡爪槭、紫荆、垂丝海棠、桂花、杨梅等；为了丰富植物的多样性，在施工中大量采用近几年引种的性能较稳定的新优地被植物，如滨柃、小丑火棘、红叶石楠、地中海荚蒾、金边阔叶麦冬、紫娇花、球叶麦冬等。

工程采用色彩丰富的树种搭配，形成了良好的视觉环境居住空间。四季的更迭变化更显示了不同的景观效果，力求达到模仿自然、高于自然的造园意境。

水景岸边处理曲径通幽，水声潺潺。本工程水景由钢筋混凝土做池底池壁，直径 30 至 80 厘米的卵石在岸边用横纹理顺序进行高低、疏密散置，将岸边进行曲线处理，再配植亲水植物进行软化处理，用自然形态的树种，如柿子树、鸡爪槭、杨梅、牡荆等。为了丰富水面景观，又配植了浅水性植物，如千屈菜、大花醉鱼草等，在深水处配植荷花、花叶芦苇、水烛等。

戏 水 池

本项目获得2014年度浙江省“优秀园林工程”金奖

申报单位：浙江良康园林绿化工程有限公司
通讯地址：绍兴市上虞区舜江东路287号
邮政编码：312300
联系电话：0575—82110000

黑猫神·陶居苑二期景观工程

建设单位　浙江黑猫神地产有限公司
设计单位　浙江泛城建筑景观设计有限公司
施工单位　杭州蓝天园林建设有限公司
监理单位　诸暨市工程建设监理有限公司
起止时间　2012 年 12 月 28 日至 2013 年 4 月 28 日
工程造价　2050.81 万元

工程概况

黑猫神·陶居苑二期景观工程位于诸暨市祥云路 58 号，施工面积 30100 平方米，绿化面积 19600 平方米，硬质景观面积 10500 平方米。工程主要包括土石方工程、绿化种植、铺装、假山叠石、园林小品、背景音乐、灯光照明等设施。整个小区以植物造景为主，注意植物烘景、衬景的作用，增加植物种类，体现了植物的多样式，形成多层次、多形式的植物景观。中心广场采用太湖石的手法营造了具有南方韵味的溪岸、叠水、溪流，周围配以休闲防腐木栈道、喷泉、木亭、古树、小品，人们在庭园里漫步，映入眼帘的是不同的植物构景和不同的景观。其他楼座空间均采用不同的景观构造，如景观墙、涌泉及地被、植物、花坛等构造出丰富的小区景观，满足人们的休闲需要。同时采用文化石挡墙及微地形处理等手法，增加了绿化的立体感和层次感。

工程特点

景观设计中处处以人为本，对细节精雕细琢，融合现代文化与古越文化的手法，使小区既有宛如天开的自然景观，也有栩栩如生、精致灵动的人工景观。从铺装、雕塑小品、设施小品、材料、植物配置等方面都能融合古越文化，繁花似锦，别具特色。创造出美轮美奂的景观效果。

由于本小区面积有限，为了提高人与景观之间的空间和谐感，设计构思时特别强调人在室内也可以欣赏到大自然美景。充分利用透视及借景手法，在植物配置上注意上层乔木群落、中层小乔木和灌木群落、下层地被植物高低错落地搭配，使得小区层次分明，四季色彩变化明显。营造出丰富的四季庭院空间，人行其间，步移景异，风光宜人，给人以美的享受。

本小区还进行了垂直绿化，在围墙种植花灌木，增加绿量，提高绿地率，注重屋顶这个第五立面的绿化，改善小区俯瞰景观，提高小区绿化的综合效益。根据现场的地形，做到资源充分整合利用，实现所有可绿化用地的充分美化；科学配置植物，利用植物造景，做到生态优先；植物三维空间的巧妙使用，布局合理的配置，使小区呈现最佳的空间景观效果。

在小区景观布局形式上，本工程把市民喜爱的江南园林布局形式、人造景观形式与自然生态景观相结合。通过楼、台、亭、廊、山、水、池、树木、花草和雕塑等元素来创造意境，表达出园林艺术的思想、情感和内涵，并结合现代的艺术表达形式，给居民以美的享受。

在施工中，充分展现了既源于自然又有别于自然的景观配置方法。将大量太湖石、雕塑和现代化音乐喷泉池相结合，置身其中，音乐响起，喷泉涌动，偶尔还有彩虹高挂，呈现出立体的视觉、听觉效果，使回家的路别有一番风味。

除此之外，本工程还利用人造塑石和假山石的艺术手法造景，展现出一幅“虽由人作，宛自天开”的自然景致。在多处紫藤廊架，凉亭深处，配植不同季节的花卉植物，如樱花、紫薇、桂花、梅花、垂丝海棠、西府海棠、茶花、花石榴等灌木花卉2500株，营造自然生态地带，提升了人文景观特色的展现。

本项目获得2014年度浙江省“优秀园林工程”金奖

申报单位：杭州蓝天园林建设有限公司
通讯地址：杭州市西斗门路7号对面中天MCC一号楼9楼
邮政编码：310012
联系电话：0571—86772868

金 优秀园林工程

祥生·君城住宅小区（A块）园林景观工程

建设单位　诸暨市祥生宏宇置业有限公司

设计单位　广州怡境景观设计有限公司

施工单位　诸暨市祥生园林绿化工程有限公司

监理单位　诸暨市工程建设监理有限公司

起止时间　2012年7月10日至2012年12月31日

工程造价　1180万元

工程概况

祥生·君城住宅小区（A块）园林景观工程位于诸暨市暨阳街道滨江北路延伸段，总面积38955平方米。工程内容包括土建、种植、石材铺装、溪涧、亲水平台、游泳池、喷泉、塑石假山、健身广场、雕塑小品、水电管线铺设及安装等项目。

工程特点

本工程是展示祥生·君城高品质休闲式住宅小区的一个重要窗口，小区以生态、阳光、休闲为主题，通过对泳池、溪涧、平台、塑石假山、小桥、雕塑小品的利用，乡土树种与南方植物相配植的花景等，营造出空间层次丰富，精致细腻、可观可游的高品质休闲小区。工程种植的苗木品种丰富，约120余种，而且部分苗木规格较大，如大香樟、大石楠、银杏、桂花、朴树、榉树、造型罗汉松等。

本项目获得2014年度浙江省“优秀园林工程”金奖

申报单位：诸暨市祥生园林绿化工程有限公司
通讯地址：诸暨市祥生福田花园内
邮政编码：311800
联系电话：0575—87265158

技术措施

1. 小区中心景区是本工程施工的重要组成部分，在选石材、木材、苗木、地被植物时严格把关，景观以假山、平台、溪涧、喷泉等设施组成。主要景点种植丰满，大乔木、小乔木、灌木、地被植物多层次配植。色彩方面采用了各色系搭配植物组合，有生机勃勃、明快之感。在种植基层点缀鲜艳的花景也特显精致玲珑。

2. 栈道与溪涧小桥采用放线定位的施工方法，严格控制标高轴线，使木栈道与溪涧建筑连接浑然一体，和谐统一。木栈道采用菠萝格木地板，严格经过“三防”处理，确保使用寿命。

3. 小区车库顶面上的绿化区域内，车库顶板上先铺设轻度疏水层，设置盲沟，再铺设一层绿布，堆土高区域堆放轻质陶粒层，然后再覆种植土，绿化选用品种好，健康无病虫植株，以南方植物和乡土树种，落叶树与常绿树相配植，种植各类苗木百余种。

4. 园路采用芝麻黑花岗岩镶边，中间采用黄锈石、黄木纹铺设，在施工前，组织技术人员对操作工人进行培训，配备专业施工管理人员，做好技术交底，严格按操作规程施工。

5. 采用优质、散置景石的手法，体现自然、平和、简朴，以“奇”、“巧”悦人。本工程假山采用钢筋混凝土塑石与桐庐自然石，为使叠砌的假山与周围的自然环境相协调，对假山山体进行植物配置，使之与自然更和谐统一。

6. 木平台、栈道采用进口菠萝格木材，精心制作、安装定位，木材经“三防”处理，表面采用美国凯维木油。

7. 水景工程基层用2∶8灰土层夯实，采用双层钢筋网C25混凝土，做好防水处理，给水泄水循环水管规范安装，水下照明灯具密封，防水要求高，为防止接头处破损漏电，把电缆穿入接线盒的进出口中密封，为保持涌泉各喷头水压一致，喷水管网采用环状配管或对称配管。

8. 施工的水电主要是排水、排污、绿化养护的供水喷淋以及照明系统的管线等，从预埋、穿线、安装灯具、调试，直至水下布线。灯具选用新型美观的庭院灯、草坪灯、地埋灯、射灯、水下灯等。

金
优秀园林工程

菲达·壹品景观绿化工程

建设单位 诸暨菲达置业有限公司
设计单位 大地建筑事务所（国际）
施工单位 杭州天香园林股份有限公司
监理单位 杭州广厦建筑监理有限公司
起止时间 2012 年 9 月 4 日至 2013 年 8 月 16 日
工程造价 2650 万元

工程概况

菲达·壹品景观绿化工程位于诸暨市望云路，景观绿化及广场占地面积 50000 平方米，其中绿化面积占 47258 平方米。工程主要内容为小区硬质景观及绿化苗木种植，包括小区范围内的种植和回填土方、绿化、景观土建、安装、道路及相关管道、线路、沿围墙一侧排水管道、壹品广场及多余杂土、废石挖除并外运。其中绿化苗木主要以香樟、乐昌含笑等作为小区的绿化骨架，以桂花、红枫等为中层苗木，以红叶石楠、红花檵木、龟甲冬青等为灌木层，最后配以地被植物和草坪。丰富多样的植物通过合理配置，达到四季有景、错落有致，色相形皆有，赋予绿地源于自然又高于自然的景观。

工程特点

菲达·壹品小区的整体环境通过水、石、植物、建筑小品等，依据不同空间的不同使用功能和服务人群，设置尺度宜人的空间和小品设施，采用规整对称和自然错落相结合的布局手法，充分表现了典雅、大气、活泼、明朗的景观特色。

本工程注重营造节点景观，每一块景石，每一个能够吸引人的景点以至于花、草、灌木、乔木的大小高矮都有很好的协调性和层次性。不管是从植物的生态性还是植物的景观美观性，都完美地展现了节点景观。更重要的是，通过对线条、色彩、光影、体量、质感等手法的巧妙运用，整个小区园林景观显得非常饱满，主道路两边高大的行道树，眼前绿意盎然的自然风景，让住户一进门就有一种温馨、舒适的感受，远离了拥挤烦躁的城市生活。

本项目获得2014年度浙江省“优秀园林工程”金奖

申报单位：杭州天香园林股份有限公司
通讯地址：杭州市萧山区所前镇越王村（东山夏）
邮政编码：311254
联系电话：0571—82348888

技术措施

1.绿化种植方面。为了防止高温曝晒提前做好高温季节的遮阳措施，搭遮阳棚，盖遮阳网，加强对树冠、树干喷水和叶面的洒水养护工作。在选苗工作中，为达到设计效果的要求，跑遍多个苗场，进行苗木的比较，确定树形优美，无病虫害、干高达标符合实际要求的苗源。运输过程中为保证全冠苗，选用大型车辆运输，保证了原有苗木的自然景观效果。

2.绿化养护方面。为了做好苗木养护工作，项目部成立了专业的养护队伍，应用的主要技术有：（1）加强水分管理，提高新种苗木成活率，主要注意叶面水的管理工作，选用高压的水头，喷雾到位，补充叶面的蒸腾水分和改善小气候。（2）病虫害防治技术，贯彻了“预防为主、综合防治”的园林病虫害防治原则，保证了项目未发生严重的病虫害。（3）修剪技术，注意了按照植物搭配及与地形相结合的特点进行修剪。（4）切边、松土技术，勤松土、勤切边使园林景观效果更整洁、更清爽，也有利于苗木的生长。

3.技术组织措施。为了确保工程施工质量、安全、文明工作正常开展，项目部制定并采取了一系列技术组织措施，建立健全安全保证体系和质量保证体系，严把工程质量、进度关，以确保工程质量达到施工规范和设计要求，对管理人员实行定岗定人定位的管理体系，以保证工程顺利按时完成。

金
优秀园林工程

诸暨市陶湖至下东阮公路改建附属工程——景观绿化及路侧渠道工程Ⅰ标

建设单位 诸暨市交通投资集团有限公司
设计单位 中国水电顾问集团华东勘察设计研究院
施工单位 浙江建盛市政园林有限公司
监理单位 诸暨市交通工程监理咨询有限公司
起止时间 2012 年 10 月 26 日至 2013 年 8 月 9 日
工程造价 2632.86 万元

工程概况

诸暨市陶湖至下东阮公路改建附属工程——景观绿化及路侧渠道工程Ⅰ标位于诸暨市，道路全长 1980 米，宽 50 米，两侧各 15 米绿化带及水渠用地，总宽 80 米，绿化面积 71819 平方米，管道长度为 504 米，渠道长度为 2142 米。工程主要内容包括景观绿化和路侧渠道，景观绿化部分分全线地形塑造、绍大线交叉口景观、人行道树池、中央隔离带异形侧石、二次过街、铺装、隔离墩、景石、种植土回填及绿化种植、养护、支撑等工程，路侧渠道部分包括管道铺设、明渠砌筑、暗渠砌筑、箱涵浇筑、检查井砌筑、倒虹井浇筑、栏杆制作安装、钢板桩维护、土方挖运及回填工程。获得 2013 年诸暨市“珍珠杯”优质市政公用工程奖，2014 年绍兴市“兰花杯”园林绿化建设工程优质奖。

工程特点

本工程在栏杆贴面材质的选择上，其品种、色彩、质地、规格都符合要求。石质材料选择强度均匀、抗压强度大于30MPC的石材，石材加工做到平直，通角、棱角无损。

道路两侧的排水渠中，管径分别为d300、d500、d600、d800、d1200、d1500、d2000的排水管总长为922米，矩形渠道总长1680米，均与上下游水体、排水管连接，并与沿途横穿道路的管涵及现状沟渠接通。渠道为矩形浆砌块石，钢筋混凝土管道为C20素混凝土基础。管道施工完毕后经闭水试验合格，立即进行沟槽回填，分段回填时，相邻段的接茬呈梯形，且不得漏夯。处于绿化带的沟槽回填时，表层500毫米范围内不压实，将表面平整后，留有沉降量。

绿化种植时以设计标高翻整土地，加填客土，翻土深度在30厘米以上，并同时清除杂物（包括建筑垃圾和各种生活垃圾），栽植地层为岩层、坚土、重黏土等不透气土层或排水不良的土层，栽乔木按深1.2米、宽1米，灌木按深0.6米范围予以清理。平整后的场地无低洼积水处。栽植地尽量选择肥沃、疏松、透气、排水良好的栽培土，pH值控制在6.5~7.5之间，对喜酸性的树木pH值控制在5.0~6.5之间。

本工程绿化种植的苗木为香樟、大叶女贞、桂花、香榧、黄山栾树、珊瑚朴、无患子、白玉兰、沙朴、银杏、水杉、榉树、碧桃、梅花、红枫、碧丝海棠、紫玉兰、日本早樱、紫薇、美人茶、五针松、罗汉松、红叶石楠球、无刺枸骨球、红花檵木球、金森女贞、春鹃、海桐、小丑火棘、洒金珊瑚、金边黄杨、大花六道木、花叶络石、花叶常春藤灌木、麦冬等。所用苗木枝干健壮，体形完美，无病虫害的单干草木，乔木分枝点均在四个以上，同一树种规格大小统一，丛植和群植的灌木高低错落，分层种植的花带高低层次分明，与周边点缀的植物高差大于30厘米，孤植树姿态优美、耐看。

种植放样时，按图纸施工，根据实际情况作适当调整，并考虑整体景观效果。栽植时，各项工序密切连接，做到随挖、随运、随种、随养护，并结合施用基肥。乔木在栽植后采用人字形或三角形等方式支撑牢固，并严禁打穿土球或损伤根盘。栽植植物优选丰满完整的植株，并注意主要观赏面。

19路

本项目获得2014年度浙江省“优秀园林工程”金奖

申报单位：浙江建盛市政园林有限公司
通讯地址：诸暨市陶朱街道友谊路139号
邮政编码：311800
联系电话：0575—87210786

金

优秀园林工程

绍兴市玉园四期场外景观工程

建设单位　绍兴绿城宝业房地产开发有限公司

设计单位　绍兴市城市建筑设计院有限公司

施工单位　绍兴市城建园林工程有限公司

监理单位　绍兴市城建监理有限公司

起止时间　2012 年 9 月 28 日至 2013 年 3 月 28 日

工程造价　1503.23 万元

工程概况

绍兴市玉园四期场外景观工程系绍兴高端城市华宅绿城玉园的场外工程，工程位居绍兴著名的别墅板块——会稽山度假风景区内，地块西南倚人文与自然皆胜的会稽山脉，东临 18 洞的宝业高尔夫球场，东北面为曾在历史上留下过众多诗文美誉的若耶溪。工程项目占地面积 183333 平方米，总建筑面积 162000 平方米。主要工程内容包括花坛、喷水池、景墙、雕塑、驳岸、亲水平台、植物种植等。

工程特点

整体景观设计的入口广场通过银杏树阵、模纹花坛、喷水池、景墙、雕塑喷泉、特色铺装、特色花钵、景观灯等元素的应用，营造庄严而热烈的入口气氛。前院敞开，以乔木、丛生灌木、开花地被、草地相结合，营造一个景色雅致的入口效果。围墙采用公园绿地、铁艺围墙、花园绿化三者相结合的方式，弥补了道路绿化带窄、绿化薄的不足，庭院内外景观成为一个有机的整体，保证植物群落有足够的进深。

此工程铺装采用的主材与建筑风格、外立面相协调，大面积铺装遵循整洁、统一的风格，局部细节上增加材料种类、样式，建筑空间内增加特色铺装。

通过软硬景的合理组合配置及水景的刻意描绘，充分显示了小区大气而不失精致，古朴而不失现代的内涵和厚重的文化背景，形成水木相生、清新爽目、流连忘返的景观意境。景观设计充分利用已有的地理环境，创造出一个生态健康可持续发展的休闲居住空间。

整个工程秉承“以人为本、生态优先”的设计理念，运用水、石、植物、建筑小品四大构景要素，采用规整对称和自然错落相结合的布局手法，充分表现了典雅、大气、活泼、明朗的景观效果，与小区建筑和谐地融为一体，为提升整个小区的品质和增色添彩起到积极作用。

本项目获得2014年度浙江省“优秀园林工程”金奖

申报单位：绍兴市城建园林工程有限公司
通讯地址：绍兴市胜利西路287号201—204室
邮政编码：312000
联系电话：0575—85111909

金
优秀园林工程

百合园一期公共区域及私家庭院 I 标段景观工程

建设单位 绍兴县天元房地产开发有限公司
设计单位 绍兴越州都市规划设计院
施工单位 浙江天泰园林建设有限公司
监理单位 绍兴县天元房地产开发有限公司
起止时间 2011 年 9 月 25 日至 2012 年 3 月 25 日
工程造价 579.2 万元

工程概况

唯美品格百合园一期公共区域及私家庭院 I 标段景观工程位于绍兴县柯岩街道柯岩风景区东南侧，工程施工面积 7034 平方米，其中公共区域绿化部分 2484 平方米，私家花园绿化部分 2352 平方米，铺装面积 2198 平方米。工程内容包括硬质景观部分，为硬质铺装、园路、庭院水景、木质花架、花坛、室外烧烤台、壁炉等；水电部分为景观照明、场外给排水、水景水电等；绿化部分为绿化换土造型，乔木、灌木、地被植物种植和后期养护等。

工程特点

本工程为高档小区配套绿化工程，采用了纯正美式高档、奢华的设计理念和独特的私家庭院造园手法，创造了豪华、精致、自然的别墅环境风格。

公共区域以流线式土方造型，利用植物的独有特色形成一个既有统一又有变化，既有节奏感又有韵律感，既有相对稳定性又有生命力的公共生活空间。私家庭院利用曲折顺畅的园路和错落有致的地形，结合乔木、灌木的疏密配置，营造园林小中见大、步移景异、宛自天开的户外自然环境，为住户提供满足多功能要求的活动空间。工程配植乐昌含笑、黄山栾树、银杏、白玉兰、桂花、樱花、垂丝海棠、红枫、红梅、石榴及八宝景天、茶梅、大花滨菊等 100 种植物，通过丛植、散植、孤植等多种植物配植手法，创造出既有丰富的季相变化，又有层次感的园林景观环境。

本项目获得2014年度浙江省“优秀园林工程”金奖

申报单位：浙江天泰园林建设有限公司
通讯地址：绍兴市柯桥区笛扬路189号
邮政编码：312000
联系电话：0575—88005090

技术措施

工程铺装采用材料品种、规格较多，且每户内铺装式样又不一样，业主对铺装品质又提出较高要求。一方面在基层施工时为防止出现拉裂、空鼓等状况，在与建筑交接处或回填土深度超过2米地段，在基层混凝土层里配以一定密度的 Φ6 钢筋，加强与建筑物的结合；另一方面为防止面层材料色差大，在面层施工前进行人工筛选，分别归类，以达到较好的外观品质效果。由于景观施工时场外道路、管线等市政工程还未完成，施工现场互相阻碍。一方面加强同场外市政施工单位沟通，及时了解其施工进展情况及场外道路控制点标高情况；另一方面调整与场外道路交接铺装进度。从建筑到景观，设计均采用美式风格，施工要求较高。一要从植物原材料开始根据设计要求精心挑选；二要在配植及修剪上都严格按美式要求进行施工，尤其在草坪施工时，为体现顺畅、自然的要求，在土方平整后用 Φ150 滚筒进行碾压，然后铺设3—5厘米细沙碾压。最后摊铺草坪浇水后再次碾压，使草坪平顺、自然。

金
优秀园林工程

瓜渚湖景观改造Ⅱ期工程

建设单位　绍兴市柯桥区政府投资项目建设管理中心
设计单位　绍兴越州都市规划设计院
施工单位　绍兴华绿园林建设有限公司
　　　　　浙江双和环境建设有限公司
监理单位　浙江中科园建设管理有限公司
　　　　　浙江长城工程监理有限公司
起止时间　2012年10月30日至2013年9月30日
工程造价　4786.22万元

工程概况

瓜渚湖景观改造Ⅱ期工程位于绍兴市柯桥中国轻纺城东北，南阔北狭，南北长2000米，东西长1000米，水面面积1500000平方米，其形若冬瓜，故名瓜渚湖。瓜渚湖总体布局是“东赏西闲，南活北动”。东岸以观赏植物景观为主，倾力打造花卉主题观赏区，体现城市的生态文化、休闲文化。瓜渚湖景观改造Ⅱ期工程总面积100000平方米。工程内容共分两个标段。其中，Ⅰ标：景观铺装（园路、广场、花坛挡墙、花岗岩树池等）、仿古建筑（花架、长廊等）、公厕、沥青混凝土停车场、绿化苗木、雨污水管及给水工程等，不含曲桥、砌坎、入口花岗岩景墙1、2及所有土方回填造型；Ⅱ标：景观铺装（园路、广场、花坛挡墙、花岗岩树池等）、长廊、假山、凉亭、公厕、沥青混凝土停车场、绿化苗木、雨污水管及给水工程等，不含衡兰广场兰文化景墙1、2及所有土方回填造型。Ⅰ标工程由浙江双和环境建设有限公司承建，浙江中科园建设管理有限公司监理；Ⅱ标工程由绍兴华绿园林建设有限公司承建，浙江长城工程监理有限公司监理。

工程特点

本工程以樱花作为植物景观主体，由瓜渚飘樱、金纱凤舞、琴瑟和鸣、云樱飞霞、揽湖留香、惠风和畅、石岗仙棋等景点组成。园内共种植樱树千余株，由河坎、园路、亭、廊、小品、置石、照明、绿化等项目组成，景点各具特色，景深层次丰富，人行园中可感受到步移景异的妙处。

凤舞广场中央，10 米高的榉树身姿挺拔，沿游园步道铺装的石板，雕刻着一朵朵兰花，林荫广场边是一片荷塘，芙兰亭与绿云亭边种植的红枫似在等候秋天来临。早春云樱飞霞，盛夏十里荷香，秋天枫叶渐红、桂花飘香，冬天经受严寒与霜冻，飘送阵阵梅香。榉树、乌桕、银杏、红枫、桂花等与樱花相间相伴，花架、长廊、亭、桥与湖水构成一幅美丽的水乡风景画，更显樱花园和谐共融的独特韵味。

本项目获得 2014 年度浙江省“优秀园林工程”金奖

申报单位：绍兴华绿园林建设有限公司
通讯地址：绍兴市舜江路 673 号 4 楼
邮政编码：312000
联系电话：0575—88091095

申报单位：浙江双和环境建设有限公司
通讯地址：绍兴市柯桥区稽东镇金山村
邮政编码：312000
联系电话：0575—85168691

海天大道改造绿化工程（临城Ⅰ标段）绿岛路——荷浦桥

建设单位 舟山市临城新区开发建设有限公司
设计单位 舟山市规划建筑设计研究院
施工单位 舟山市木林森园林工程有限公司
监理单位 舟山市市政园林管理局
起止时间 2012年9月15日至2013年4月20日
工程造价 939万元

工程概况

海天大道改造绿化工程（临城Ⅰ标段）绿岛路——荷浦桥为纯绿化工程位于舟山市，是海天大道改扩建工程的重要组成部分，是连接新城和普陀的交通要道。工程绿地面积36939平方米。工程内容主要包括土方的购买、运输、回填、平整及造型，苗木供应、苗木种植及成活期养护（两年）等。海天大道改扩建工程被列为舟山市政府重点项目，也是舟山群岛新区成立后改造修建的第一条高标准城市道路。

工程特点

在施工过程中，绿化带由原来的12米拓宽至32米，充分利用植物不同的形态特征，运用高低、姿态、叶形叶色的对比手法，表现一定的艺术构思，衬托出美的植物景观。并且通过色叶植物等来丰富季相变化的四季景观。分车绿带的植物配置形式简洁，树形整齐，排列一致。一些低矮乔木和花灌木进行有效合理的搭配，使其呈现一种自然绿地的效果。同时，沿线部分路段还设置了景观及行人休憩设施，以营造良好的步行交通环境，有利于绿色出行和低碳生活，实现了完美的蜕变。

本项目获得 2014 年度浙江省“优秀园林工程”金奖

申报单位：舟山市木林森园林工程有限公司
通讯地址：舟山市新城商会大厦 A 座 1901
邮政编码：316021
联系电话：0580—2083119

金
优秀园林工程

舟山玫瑰园南区景观工程

建设单位　舟山绿城房地产开发有限公司
设计单位　北京奇思哲景观设计工作室有限公司
施工单位　浙江易道景观工程有限公司
监理单位　浙江万事达建设工程管理有限公司
起止时间　2013 年 6 月 15 日至 2013 年 11 月 22 日
工程造价　1150 万元

工程概况

舟山玫瑰园南区景观工程位于舟山市定海区文化路北端，海院路与文化路交叉口，与浙江海洋学院老校区为伴，属定海区成熟居住区之一。景观面积 18000 平方米。施工内容主要包括硬质景观部分，为园区内所有道路、景墙、游泳池、花架、水景、围墙、花钵、种植池等；绿化景观部分为土方的翻运造型、改良、精整形，乔灌木、地被植物的采购、种植与养护。

工程特点

本工程景观布置规整、对称、稳健，强调秩序感、领域感与韵律感，雍容大气，张扬人居品位。主入口采用门岗、LOGO 景墙、水景、铁艺大门一字形构筑；以泳池、阳光草坪构成“两面一线”的哑铃结构式、双列直线形组团空间，独立的活动草坪空间等，采用点线面结合的手法创造法式多层公寓景观特色。

本项目获得 2014 年度浙江省“优秀园林工程”金奖

申报单位：浙江易道景观工程有限公司
通讯地址：绍兴市越城区迪荡湖路 68 号 17 层
邮政编码：312000
联系电话：0575—88125622

技术措施

由于土建单位外架未拆除，无法正常施工；秋季持续大量的降雨天气，造成地面排水困难、土方流失；材料堆放无场地等。根据现场踏看和了解到的实际困难，特委派具有经验丰富的专业管理人员负责，指挥协调生产。及时编制了施工组织设计及各类专项施工方案，报监理部审批。项目经理部按实际现场施工进度，精心管理、灵活调整。白天安排施工难度高的技术工作，简单的安排到晚上加班施工，晚上加班前及时申请夜间施工许可证。工程施工经历 10 月份的台风天，项目经理部密切注意台风走向，及时组织抢险队伍，在台风来临前，对沿线设施、排水沟渠进行全面检查、整修，对大乔木进行加固支撑处理，及时排除了台风对构造物的危害隐患。台风过后及时拆除加固物及垃圾清理，对流失、沉降的土方及时回填，使工程施工尽快得到恢复。在植物配置上丰富多样，注重不同空间、不同意境、不同季节、不同植物的组合。小区选用各种规格、品种的乔木 160 种，灌木 130 种，草坪 4000 平方米。其中主要乔木有广玉兰、香樟、红楠、雪松、银杏、榉树、墨西哥落羽杉、水杉、栾树、白（紫）玉兰、金桂、龙柏及各种水果树等；灌木主要有红花檵木、龟甲冬青球、大叶黄杨、茶梅球、红叶石楠及各季花木等；草坪有马尼拉草坪、黑麦草与百慕大混播常绿草坪。

金
优秀园林工程

湖州市仁皇山公园仁皇阁工程

建设单位 湖州市中兴建设开发有限公司
设计单位 杭州园林设计院股份有限公司
施工单位 广厦东阳古建园林工程有限公司
监理单位 浙江东南建设管理有限公司
起止时间 2010 年 6 月 25 日至 2011 年 9 月 20 日
工程造价 3978.55 万元

工程概况

湖州市仁皇山公园仁皇阁工程位于湖州市吴兴区，总面积为 4030000 平方米，山体面积 2320000 平方米。其功能定位为城市近郊的、以自然山体植被为主体的、服务于全市的城市森林公园。其中仁皇阁区块占地面积 41100 平方米，工程内容包括古建筑、挡墙砌筑、地雕、园路、园林绿化等。新建建筑占地面积 2352 平方米，总建筑面积 6885 平方米。仁皇阁位于仁皇山山顶，北望太湖水景、南眺天目山脉、东观湖州全城、西仰弁山群峰。主楼地下一层，地上七层，屋顶正脊总高度为 46 米，建筑风格为宋式仿古建筑。施工场地大且分散，有各种亭、阁、管理服务房等共计 12 个建筑单体。

工程特点

本工程的木作、石作以及门窗均采用现代建筑风格与古建筑风格相结合的方式，体现了现代工艺在古建上的变化。在表现古建筑风格的细节上都做了比较细致的处理，如翼角、斗拱、古式木门窗以及木雕石雕等。

在古建的细节方面，采用的古代手法与现代工艺相结合的方式。工程的大式角梁采用扣金做法，大式角梁的前端与正交桁和桃檐桁两组桁条相交，其中翼角椽是檐椽在转角处的特殊形态，这个特殊形态包括平面、立面形态以及由这些形态所决定的特殊构造形式。制作方形翼角椽需要椽头撇向搬增板，活尺和绞尾弹线专用卡具，需要事先准备。而仿古混凝土斗拱的浇筑采用的是预制方式。在确保工程质量的同时也保证工程的进度。

在使用功能与材料建筑的搭配上，集中表现了湖州市的丝绸文化、稻作文化，在内部装饰上结合开发的使用功能加以现代化的处理方法，且在选择材料时也融入了当地的文化象征，使各个方面都表现出本地的风土人情，整个楼阁都显现出时代的文化底蕴，成为一个能真正表现湖州市古文化的标志性建筑。

本项目获得2014年度浙江省“优秀园林工程”金奖

申报单位：广厦东阳古建园林工程有限公司
通讯地址：东阳市工人路98号
邮政编码：322100
联系电话：0579—86636191

湖州喜来登温泉度假酒店景观绿化工程

建设单位 浙江天籁之梦旅游投资有限公司
设计单位 北京易地斯埃东方环境景观设计研究院有限公司
施工单位 湖州鹿山园林发展有限公司
监理单位 上海现代工程咨询有限公司
起止时间 2011 年 8 月 31 日至 2013 年 6 月 20 日
工程造价 1123.89 万元

工程概况

湖州喜来登温泉度假酒店景观绿化工程位于湖州市太湖开发区，工程面积 32653 平方米。工程内容主要包括园林景观工程和园林绿化工程。园林景观工程主要包括花坛、大跌水、景观铺装、景观电气照明及排水管道等。园林绿化工程包括乔灌木种植、色块及地被种植、草坪铺植等。

工程特点

植物配置错落有致，疏密结合，乔木、灌木、地被植物、草坪的搭配相得益彰。工程采用了大量大乔木，包括大香樟、大银杏、大桂花、大广玉兰、加拿利海枣等树种，配合红枫、红叶石楠等彩叶树种的搭配，保证了工程的整体景观绿化效果。同时，通过散植、丛植、片植、孤植、混植等不同的配置方式，力求创造疏密有致、高低错落、丰富多变的植物群落。在工程的实施过程中，积极采取各种措施保护原有的大树及苗木，特别是乡土树种，保留了原有树种的地方特色。

通过植物造景、水系、园林小品的相互搭配，坚持“以人为本”的建设宗旨，给游客带来一种自然与人工完美融合的景观效果。

本项目获得2014年度浙江省“优秀园林工程”金奖

申报单位：湖州鹿山园林发展有限公司
通讯地址：湖州市南门外鹿山
邮政编码：313000
联系电话：0572—2045249

梁希森林公园主入口园林绿化、市政等配套工程

建设单位 湖州园林绿化管理有限公司

设计单位 苏州园林设计院有限公司 苏州九城都市建筑设计有限公司 湖州南太湖水利水电勘测设计有限公司

施工单位 湖州升浙绿化工程有限公司 湖州锦绣绿化有限公司

监理单位 江西省赣建工程建设监理有限公司

起止时间 2012年7月10日至2014年3月24日

工程造价 4513.6万元

工程概况

梁希森林公园主入口园林绿化、市政等配套工程位于湖州梁希森林公园，工程总面积76000平方米。工程主要施工内容包括绿化种植及养护，撇洪渠、驳岸、水体、铺地、小品铺装、园路施工、水电安装等工程。工程分为Ⅰ、Ⅱ两个标段，其中，Ⅰ标段由湖州升浙绿化工程有限公司施工；Ⅱ标段由湖州锦绣绿化有限公司施工。

工程特点

梁希森公园大门坐东朝西，为木牌楼式门楼，约6米高、5米宽，门柱上镌有著名科学家周培源题写的“梁希森林公园”六个大字。公园内以大山、森林作背衬，主景以香樟、璎珞柏为背景，桃李园和桃李亭建于此，表彰梁希为国家培养了一批栋梁之才。在林地西缘，广玉兰与杉松林之间，植有一带状枫叶林，以体现梁希的遗愿：“让绿阴护夏，红叶迎春”。

工程按照“以人为本”、“以林为本”的设计理念，顺应人们回归自然、亲水近绿的审美需求，为达到人、环境和自然的共存及融合而建。绿化配置内容丰富，配置形式多样，对孤赏树，突出其优美树姿；对自然丛植树，高低搭配有致，反映树丛的自然生长景观；对林植树，不同种间的共生，体现密林景致；对密植花木，错落和裸土的覆盖，显示群植的最佳绿化效果。特别是对原有树木的悉心保护，更是体现了公园设计的初衷。

公园内主要绿化树种有香樟、银杏、垂柳、白玉兰、朴树、三角枫、乌桕、鸡爪槭、金桂、四季桂、哺鸡竹、淡竹、慈孝竹、枇杷、杨梅、石楠、木槿、西府海棠、日本早樱、绯红晚樱、蜡梅、木本绣球、红枫、碧桃、紫叶桃、红叶李、红梅、茶梅球、红花檵木球、无刺枸骨球、金边黄杨、金丝桃、粉花绣线菊、匍枝亮绿忍冬、黄馨、德国鸢尾等。建成后植物配置错落有致、疏密结合、布局自然，穿插在潺潺山涧中，显得格外耀眼夺目。

本项目获得 2014 年度浙江省“优秀园林工程”金奖

申报单位：湖州升浙绿化工程有限公司
通讯地址：湖州市湖东路 455 号 6 楼
邮政编码：313000
联系电话：0572—2072697

申报单位：湖州锦绣绿化有限公司
通讯地址：湖州市富田家园 6 幢 2 单元
邮政编码：313000
联系电话：0572—2092539

湖州浙北大厦购物中心湖州金瑞大厦室外绿化工程

建设单位　湖州浙北大厦购物中心有限公司　湖州浙北大厦置业有限公司

设计单位　浙江绿建建筑设计有限公司

施工单位　湖州天明园艺工程有限公司

监理单位　浙江东南建设管理有限公司

起止时间　2013 年 3 月 15 日至 2013 年 5 月 30 日

工程造价　682.65 万元

工程概况

湖州浙北大厦购物中心湖州金瑞大厦室外绿化工程位于湖州市南街与榆树路交叉口。建设面积 15000 平方米，绿化面积 6500 平方米。该工程主要为绿化种植，为达到工程与周边环境相融合的效果，该工程选用的乔木主要为银杏，地被类为草坪与灌木相结合。

工程特点

本工程在选苗上采用了植株姿态优美、长势良好、根系发达的苗木，且多采用产于本土的苗木，以适应生长环境。在修剪上努力保持树形，确保植株自然美观的景观效果。在栽植上确保放样位置准确，形成自然、美观的平面构成。施工中对乔木均施生根粉，设置滤水透气孔，采用草绳薄膜包裹以达到促进根部生长、保温保水的功能效果，并及时设置好支撑保护，较好地保证了植物的成活率。

在铺装花岗岩的过程中，为保证效果及统一色差，材料均采自同一石矿，在铺装施工中，平整尺随时检验，注意纵横向排水坡度，严控基层密实度，严控材料关，现场做到了平、顺、固、无积水的良好效果。

本项目获得2014年度浙江省“优秀园林工程”金奖

申报单位：湖州天明园艺工程有限公司
通讯地址：湖州凤凰西区创业大道318号
邮政编码：313000
联系电话：0572—2119392

滨湖大道弁山段景观（苗圃Ⅰ标段）工程

建设单位 浙江南太湖控股集团有限公司

设计单位 杭州园林设计院股份有限公司

施工单位 湖州天明园艺工程有限公司

监理单位 浙江东南建设管理有限公司

起止时间 2011 年 4 月 7 日至 2011 年 11 月 17 日

工程造价 1442.98 万元

工程概况

滨湖大道弁山段景观（苗圃Ⅰ标段）工程位于湖州市滨湖大道图影桥至丘城门间。施工总面积 45000 平方米。施工内容为道路两侧绿化及景观（包括休息场地一、铺装一、木平台等）。对种植场地要先进行土方造型、土壤改良等工作。植物种植种类多，有常绿乔木灌木类、落叶乔木灌木类、草坪、水生植物，共计 50 种。其主体部分有滨湖大道中央、两侧景观、丘城门景观、滨湖大道图影桥景观等。

工程特点

本工程城门内西侧以水系为中心。在自然水系的基础上进行人工开挖，和山体相结合，又和排水管道相通，自然美观。平时可以供游人观赏，雨季时山水可以从此经过后排入管网，起到排水防涝的作用。排水口以野山石遮挡，非常地自然和隐蔽，当水位达到一定高度时会自动排水。此处以中国古典园林中“一拳代山，一勺代水”的写意式手法对自然界中的景观特点进行艺术集中。以野山石组景，配以各种大小型乔木、灌木点缀，其中配有小型瀑布，潺潺流水别有一番风味。还配以观水木平台、木凳，以供游浏览、观赏景点、休憩。城门内东侧主景以老太湖抗洪纪念碑处景观为中心。绿化、铺装、园路、花坛等一应俱全。铺装美观大方，园路自然蜿蜒，绿化生长良好，如同进入了一个小型公园。此处背景为黑瓦白墙的湖州传统别墅，别有一番韵味。

在太湖山庄的出口北侧有一段道路施工时遗留的山体，坡度达到60—80度，高度为10米，长度为150余米。风化严重，远远看去就是黄色的岩石，此处一直是一个遗留问题，非常难看。经过业主设计单位的同意，工程采用最先进的边坡喷播技术，对此块区域进行绿化，效果非常明显，现在已是一片生机盎然的绿色。

工程最北处为滨湖大道图影桥，过了此桥便是美丽的太湖。结合地形以及原有的木栈道，配以山石挡墙和自然的汀步，使人行道和木栈道自然相连。除此之外，工程将大银杏及垂柳、桂花等苗木加以绿化，让游人忍不住会走进去探寻一番，休息一会。

本项目获得2014年度浙江省“优秀园林工程”金奖

申报单位：湖州天明园艺工程有限公司
通讯地址：湖州凤凰西区创业大道318号
邮政编码：313000
联系电话：0572—2119392

金
优秀园林工程

莫干山香溢生态园项目（室外景观园林绿化工程）

建设单位 浙江香溢控股有限公司

设计单位 浙江绿城景观工程有限公司

施工单位 湖州好山好水园林工程有限公司

监理单位 德清县德城市政园林绿化工程监理有限公司

起止时间 2012 年 12 月 29 至 2013 年 9 月 29 日

工程造价 936.8 万元

工程概况

莫干山香溢生态园项目（室外景观园林绿化工程）位于德清县莫干山香溢生态园内，工程面积 35000 平方米。施工内容为园林景观工程、绿化种植、挖土方、铺设沥青混凝土道路、安砌侧石与平石、砌筑检查井、电气景观照明工程、给排水工程等。植物种植种类有常绿乔木灌木类、落叶乔木灌木类、花卉草坪，还有需要特殊时间种植的植物，共计几十种。

工程特点

本生态园的建设融入了人文景观和自然生态，在尊重历史文脉、再现历史的基础上，突出以人为本的设计施工理念。为使生态园有历史感，特地从本区域开发地块内移植了一批大规格香樟树。在铺装、挡土墙、景石、假山的处理上，师法自然，给人以历史长久、文化内涵深厚感。在建园的基础上，把水环境的生态处理融入其间，水系既是生态园景观的一部分，又是一个循环水生态调节系统，工程运用大量的水生植物，加以自然的驳岸处理，不仅景观美，又使具有自然的生态调节变为现实，大大改善了该区域的小气候环境。

本项目获得2014年度浙江省“优秀园林工程”金奖

申报单位：湖州好山好水园林工程有限公司
通讯地址：湖州市余家漾小区月漾苑新华路766号
邮政编码：313000
联系电话：0572—2121919

技术措施

保护原始生态，采取基于植物多样性的自然式栽植方式，制定相应的施工方案，保护原有树木。在土建、园路施工时，尽量减少对原始植物的破坏，碰到大的树木，会同设计、监理、甲方商谈，调整游步道线路；或采取措施埋设排水、通气管道，减少施工对树木的影响。在植物种植方面，严格遵循设计和规范要求，改良种植土壤，施足基肥。选择生长健壮的苗木，结合苗木的生长习性，乔木、灌木、地被植物合理搭配，强调植物群落的自然适应性。营造出适应本土生态条件，具有自我更新维持能力，形成多层次、高绿量、高生态效益的生态园。在保护原有水体的基础上，建设溪流和池塘，采取浅滩缓坡和园林生态护坡。既形成了丰富的湿地景观，又美化水体，营造人与水亲近的自然环境。在生态园游步道、小广场采用嵌草石板铺装，在绿地内采用栈道、汀步等，不仅提高了绿地率，还增加了游玩的趣味。

金

优秀园林工程

梅灵路绿化景观工程

建设单位　安吉旅游发展总公司

设计单位　杭州爱琴海景观设计有限公司

施工单位　杭州原景建设环境有限公司

监理单位　安吉县工程建设监理有限公司

起止时间　2012 年 4 月 12 日至 2013 年 9 月 18 日

工程造价　4500 万元

工程概况

梅灵路绿化景观工程位于安吉县灵峰旅游度假区内，与城区隔浒溪相望，南临04省道，东临11省道，西、北方向分别连接安吉黄浦源景区和天荒坪景区，安吉梅灵路绿化景观工程是灵峰旅游度假区招商引资的重点基础设施配套项目之一。绿化总面积 120000 平方米，主要包括绿化种植、土方造型、园路铺装、园林小品、驳岸、挡墙、临水平台铺装及管理用房等组成。绿化工程中，乔木包括银杏、榔榆、香樟、榉树、枫香、桂花、沙朴、无患子、苦楝、马褂木、玉兰、珊瑚朴、乌桕等多个优秀观赏植物品种，亚乔木包括桂花、石榴、早樱、红枫、山茶、紫薇、鸡爪槭等观花观叶植物，灌木则以红叶石楠球、红花檵木为骨架，结合小灌木、乔木、亚乔木、灌木、色块的有机结合，营造出错落有致、四季有景的绿化效果。

工程特点

本工程为道路绿化景观工程，大乔木的种植数量较多，对苗木的要求较高，苗木的规格也比较大，一般行道树的胸径为 15—18 厘米，该工程中部分苗木胸径达到 60 厘米，所以苗木的种植过程中涉及的吊装、修剪、支撑等工作的安全性尤为重要。为确保大树的成活率，种植前采取掺沙，开挖排水沟，局部大树种植穴换土以及在根部涂抹生根剂等技术措施，后期养护还采用树干注射营养液、高温时叶面喷洒抗蒸腾剂等加强养护的措施，成效也较好。

采用景观再生和景观利用等创新的手法，从满足驾乘人员的视觉需求出发，把公路沿线的景观和人文资源融入道路设计中，使道路、绿化和景观形成自然有序的节奏变化和主体转换，构成一幅流动的画卷、跳动的音符。部分地段采用自然生态河道堤岸，进行河流回归自然的恢复与生态的系统设计，以水造景，把河流景观融入城市景观，水、绿、空立体结合，增加视觉美感，防洪治水与营造生态景观并进。

充分地运用空间的开合、对比、引导与昭示，藏与露、渗透与层次，合理利用每一个空间，简约而不简单，明快而不张扬。在统一基调的基础上，树种力求丰富有变化，注意乔木与灌木相结合，常绿与落叶、速生与慢长相结合，乔木、灌木与地被植物相结合，适当点缀草花，构成多层次的复合结构。利用植物本身的树形、色彩、季相特点，按照反差、对比和渐变等美学原理组成宽度、色彩不同的花带，整体布局错落有致，规则中又体现自然生态。

在地形的处理上，或急或缓，注重与园路、曲桥、植物的自然有机结合。景墙、铺装、管理房等园林小品注重细部处理和色彩搭配。自然水系湖面处的空间打造选择在水边或溪边自然生长的植物，利用自然飘逸的造型进行组合，并结合自然分布的水生植物，营造出原生态的水域空间。

乡土树种的保留与运用使整个道路景观与周边环境融合到了一起，起到和谐统一的效果，也充分体现了“建设和谐人居，创造城市品质”的建设理念。

本项目获得2014年度浙江省“优秀园林工程”金奖

申报单位：杭州原景建设环境有限公司
通讯地址：杭州市余杭区南苑街道世纪大道187号
邮政编码：311100
联系电话：0571—86166938

金

优秀园林工程

安吉龙山庄园一期龙泽园（别墅）景观工程

建设单位　安吉华都房地产开发有限公司

设计单位　武汉农尚环境股份有限公司

施工单位　杭州赛石园林集团有限公司

监理单位　浙江建院工程咨询有限公司

起止时间　2011 年 6 月 18 日至 2012 年 9 月 20 日

工程造价　2400 万元

工程概况

安吉龙山庄园一期龙泽园（别墅）景观工程位于安吉县递铺镇环翠西路。工程施工范围为别墅庭院、别墅公共区和公共区域，主要内容有图纸范围的景观、绿化工程，含土方工程、绿化种植、铺装、小品、水景、廊架、雕塑等。一期项目占地面积 35000 平方米，围绕龙泽园别墅区为主体。沙朴、国槐、黄连木等乔木勾出主通道的天际线，配以桂花、红枫、鸡爪槭和色块地被，点缀叠石于其中，宽阔大气的主通道让人有一探桃花源的冲动。园内欧式建筑如镶嵌于美丽画卷之中，碧草茵茵，花香阵阵，樱花小径，风情怡然，杜鹃争艳于碧绿的草坪之上，石竹、月季跳跃于黄石踏步之外，一步一景。主要植物配置有香樟、沙朴、国槐、榉树、黄山栾树、香泡、石榴、胡柚、榔榆、杜英、红枫、鸡爪槭、桂花、樱花、红叶李、紫荆、红叶石楠、茶梅、金森女贞、夏鹃、金边黄杨、麦冬等。

工程特点

共融性：把自然景观与人文景观融合，体现人与自然的和谐与对话。尊重和利用现有山地基础景观，强化内外环境的融合渗透，挖掘自然生态的生活场景及人性化的景观元素。

人性化：提供不同层次的绿化景观，营造归属自然的生活环境及特色空间。

生态化：多层次绿化生态环境，组织人与自然、建筑的生态空间。提倡开放空间的斜坡草坪与乔木、灌木、草本及地被植物的合理搭配，以生态环境意识为指导，合理利用原有生态群落结构，在尊重自然生态环境的前提下提高园区软质景观的实用性和观赏性，采用借景、造景、障景的手法，不只是强调单纯的植物绿化，以加强与周边环境的融合为目标。

数量多且高大的树木如同一道天然的绿色屏障，遮蔽了城市的喧闹与尘嚣，成为项目的出彩之处。不足之处在于项目部分绿地的林缘线稍逊变化。如景观点石的台阶应适当再用植物遮挡一下，增加些绿化层次，整体效果将更加丰富和饱满。

项目因地制宜，营造经典的山地独栋庭院和排屋建筑主体，结合森林景观特点，园林景观引入了“五重园林”景观设计、施工的核心班底，目的就是以龙山的原生态环境为基准，打造龙山庄园独特的城中森林景观。围绕龙泽园别墅区为主体，沙朴、国槐、黄连木、银杏、玉兰、合欢、垂柳、马尾松等数十种精选树木在园区内外形成了第一重园林景观。高大的树木如同一道天然的绿色屏障，遮蔽了城市的喧闹与尘嚣。樱花、紫荆、紫薇、石榴、海滨木槿、红枫等形成了第二重园林景观，四季变化，叶、花、果各种形态与色彩自然搭配，相得益彰。杜鹃、含笑、红花檵木、金森女贞、茶梅、栀子花、花叶锦带等低矮灌木密集栽植造景，形成第三重园林景观。灌木之美，在于它们能相互组合，形成一个又一个美妙的图案和曲线，经过工人的精心修剪，与游步道结合，串联起每位都市人回家的路。

一个美丽的园林，各种色彩鲜艳的花不可缺少。龙山庄园以四季鲜花为基调，打造第四重植物景观，在建筑的艺术中编织成浪漫花海，花园社区浑然天成。森林之美，亦刚亦柔。草地在园林景观中发挥着至关重要的作用。龙山庄园的第五重景观，则由品种丰富的各类草花、草皮组合而成，绿草茵茵，将五重景观完美地融合在一起，生机盎然，园内法式、西班牙式别墅建筑如镶嵌于美丽画卷之中，碧草茵茵，花香阵阵，樱花小径，风情怡然，杜鹃争艳于碧绿的草坪之上，石竹、月季跳跃于黄石踏步之外，一步一景。

都龙山庄园
DRAGON

本项目获得2014年度浙江省“优秀园林工程”金奖

申报单位：杭州赛石园林集团有限公司
通讯地址：杭州市余杭区文一西路1218号19幢2单元301室
邮政编码：311121
联系电话：0571—85776368

金

优秀园林工程

碧水雅苑住宅小区景观绿化工程

建设单位 桐乡民丰房地产开发有限公司

施工单位 浙江裕丰园林建设有限公司

起止时间 2008 年 4 月 15 日至 2013 年 6 月 30 日

工程造价 1232.8 万元

工程概况

碧水雅苑住宅小区景观绿化工程位于桐乡市梧桐镇庆丰北路东侧，环城北路南侧。景观、道路总施工面积 114023 平方米。工程内容包括地形处理、铺装、园路、喷水池、坐凳、植物种植等。

工程特点

本工程为人们提供一个良好的休息、文化娱乐、亲近大自然、满足人们回归自然愿望的场所，通过各种色彩的花卉、树木、草皮的栽植与搭配，利用各种苗木的特殊功能，来达到清洁空气、降温隔音的效果，美化生活环境。植物种类丰富，每种又有其特定特征，包括习性季相变化、形体色彩等方面的特征，而且具备地域性、亲人性、组合多变性、景观多样性等特点。随着栽培、育种技术的不断提高，在植物株型、叶色等方面的多样性条件下，植物景观也越趋丰富。

本项目获得 2014 年度浙江省“优秀园林工程”金奖

申报单位：浙江裕丰园林建设有限公司
通讯地址：桐乡市复兴北路 628 号 2 楼
邮政编码：314500
联系电话：0573—88098677

金
优秀园林工程

浙江新家园房地产开发有限公司——香湖名邸景观工程

建设单位　浙江新家园房地产开发有限公司
设计单位　浙江普天园林建筑发展有限公司
施工单位　浙江普天园林建筑发展有限公司
监理单位　杭州广厦建筑监理有限公司
起止时间　2012 年 6 月 20 日至 2013 年 11 月 30 日
工程造价　2304.08 万元

工程概况

香湖名邸景观工程位于海宁市马桥街道镇西路西侧、胜利路北侧。项目总用地面积 58373 平方米，景观施工面积 34000 平方米，其中绿化面积 18000 平方米、硬质景观面积 16000 平方米。施工内容包括硬景、软景及水电安装；园林建筑、景观小品、地面铺装工程、水系的给排水安装工程、电气照明工程、绿化工程。

工程特点

海宁市香湖名邸住宅景观设计定位为具有西班牙风情、蕴含文化内涵、展现舒适生活空间的住宅小区。小区内景观序列按车行道、水系、园路三条线展开，车行道景观如色彩绚丽的油画，水系景观如清新典雅的水彩画，园路景观如项链上的珍珠，散发着不同的光芒。小区具有浓郁的地中海风情，有充足的阳光，宜人的气候，有悠闲、温馨、自足、健康的生活方式和邻里关系。地块内水系贯穿，使住户享受亲水而居的生活，从入口景观区域到各景观节点，仿佛游走在西班牙风情小镇，为居住者提供了一个舒适的居住环境。

工程绿化景观植物类别丰富，品种充实。植物类别包括了常绿乔木、落叶乔木、常绿灌木、落叶灌木、常绿草本地被植物、水生植物、草本花卉等类别。景观效果明显，工程竣工后形成乔、灌、草(地被)相结合；花、果、叶相配；高、中、低错落，层次和季相丰富；以春景为主，四季有花，四季常青，呈现生物多样性。渲染一种幽静、舒适、温馨、细腻的空间。园路及院墙、小品工程铺装细致、平整到位，结构牢固，构件工艺制作精良。植物种植和养护规范，长势良好。园路及院墙、小品工程铺装细致、平整到位，结合牢固，构件工艺制作精良。

本项目获得 2014 年度浙江省“优秀园林工程”金奖

申报单位：浙江普天园林建筑发展有限公司
通讯地址：杭州市下城区石桥路 279 号经纬国际创意产业园 3 号楼 B 座
邮政编码：310022
联系电话：0571—88828388

金

优秀园林工程

海盐『滨海一号』住宅小区一期景观工程

建设单位　海盐磊鑫房地产开发有限公司

设计单位　杭州当代园林景观有限公司

施工单位　浙江梧桐园林市政工程有限公司

监理单位　浙江东南建设管理有限公司

起止时间　2013年5月30日至2013年11月30日

工程造价　1280万元

工程概况

海盐“滨海一号”住宅小区一期景观工程位于海盐县，景观绿化面积21000平方米。主要施工内容包括围墙施工、场地平整、基础垫层浇筑、管线预埋、石材铺设、灯具安装，木构件、景观雨水口及其排出管等，土方翻运造型、整形（达到设计要求），土壤改良，乔木、灌木、地被植物种植（移植）等及两年养护期等工程。

工程特点

本工程的绿化景观包含了三大原则，即人性化原则、协调性原则、整体性原则。园林绿化设计符合规范，主体鲜明、创意新颖、富有特色、布局合理、功能健全；竖向设计，因地制宜；园林小品能反映一定的文化内涵，科学利用和保护原有地形、地貌、植物和人文景观；植物配置科学合理，有层次感，季相丰富，能体现适地适树的原则。园林绿化按图施工，施工程序符合规范，施工水平较高；地形整理自然，排水良好，栽植土厚度、土质符合设计和规范要求，满足植物生长需要；植物材料符合设计要求，形态美观，生态、景观效果良好；园林建筑、小品、园路广场等园林设施符合国家标准，富有美感，运行正常。

本项目获得2014年度浙江省“优秀园林工程”金奖

申报单位：浙江梧桐园林市政工程有限公司
通讯地址：桐乡市梧桐街道环城北路328号梧桐纺针织机械科技创业园3幢
邮政编码：314500
联系电话：0573—88233707

白洋河湿地生态修复工程（二期）

建设单位 海盐县城市建设有限公司
设计单位 杭州易大景观设计有限公司
施工单位 浙江东海岸园艺有限公司
监理单位 浙江滨城工程监理有限公司
起止时间 2012 年 7 月 8 日至 2013 年 6 月 1 日
工程造价 780.66 万元

工程概况

白洋河湿地生态修复工程（二期）位于海盐县武原街道，南至城北路，北至庆丰路，西至滨海大道，东至翁金线。工程绿化总面积 41000 平方米，栽植苗木有香樟、银杏、女贞、合欢、乌桕、柳树、桂花、鸡爪槭、日本红枫、梅花、紫薇、加拿利海枣、华盛顿棕榈、中东海枣等。主要包括 800 米河道清淤、河岸护坡木桩 2200 米、厕所、景观桥（木栈桥和直沟桥）、仿古亭、水榭、长廊、花架、绿道、广场铺装、停车场、亮化、前期土方回填、苗木种植及两年养护等。

工程特点

本工程属综合性园林景观工程，施工工艺较为复杂，工程量大，施工过程中存在绿化和土建工程的交叉施工。施工现场的地形是台地地形，土壤条件差，需要通过清淤并因地制宜地开展地形改造，施工技术难度高。绿地地形及场地铺装以自然排水为主，绿地地形、场地铺装、建筑物、植物配置之间的地形处理技术含量较高，须科学合理地安排。地形是本工程景观效果的骨架，是整个项目的前导工序，是确保工程景观质量的关键。

本工程在园林铺装方面工程量大，铺装形式较多要求档次也比较高。

植物规格要求高，冠形和树形要求严格，为创造海盐县滨海特色，工程特引进热带植物（H400 头径 50——55 厘米的华盛顿棕榈树、D45 厘米 H230 厘米 P200 厘米加拿利海枣、H300——350 厘米中东海枣）种植并养护。

园林内硬质景观工程较多，主要包括厕所、木花架、挡土墙、桥梁工程（石栈桥、木栈桥、木桥 1、木桥 2、拱桥 1、直沟桥）、石砌驳岸、凉亭、望舸亭等。施工工艺复杂，技术要求高。

本项目获得2014年度浙江省“优秀园林工程”金奖

申报单位：浙江东海岸园艺有限公司
通讯地址：海宁市联合路411号
邮政编码：314400
联系电话：0573—87220858

平湖经济开发区经济社会服务中心配套工程

建设单位 平湖工业区开发有限公司

设计单位 杭州绿风园林景观设计研究院有限公司

浙江城建园林设计院有限公司

施工单位 浙江沧海市政园林建设有限公司

监理单位 浙江经建工程管理有限公司

起止时间 2013 年 4 月 1 日至 2013 年 7 月 20 日

工程造价 965.51 万元

工程概况

平湖经济开发区经济社会服务中心配套工程位于平湖经济技术开发区永兴路北侧、新兴三路东侧，是平湖经济开发区基础建设的重要组成部分，对提升城市形象、改善生态环境和周边居民居住环境，促进城市经济、社会和环境的协调发展具有重要意义。项目总用地面积 59860 平方米，该项目用地面积 39860 平方米。施工内容包括地面绿化、园路与广场（含停车位及停车位道路）、园林给排水、园林电气照明工程。此工程荣获浙江省园林绿化工程安全文明施工标准化工地称号、嘉兴市“南湖杯”园林绿化建设优质工程奖。

工程特点

1. 大乔木的种植。选择冠幅完整，树形美观，特别注重广场前种植的大朴树和大楼后种植的大银杏树的实生树采购过程，同时注重苗圃种植多年的大香樟树移栽苗质量。在种植方面，工程按图准确放样，合理营造地形，确保银杏行道树列植后整齐，大朴树、大香樟树自然式种植树的均衡、自然与艺术性。

2. 小乔木、灌木的种植。所有进场苗木按全冠采购，且符合设计要求。所有进场苗木品种，提前上报现场监管人员，经主管人员现场检查合格并现场签署意见后，才能种植。

3. 地被植物的种植、草皮的铺设。草坪施工从土源落实到地形改造均由项目部着重操控，地形表层采用人工细耙操作和细平整，清理土石块，覆盖香灰土。草坪采用满铺法，根据起挖草皮宽度，横竖拉线，将草皮错缝对齐铺入表土上，块与块之间的距离按不超过 1 厘米，保证满铺法要求。大面积草坪采用 0.8 吨的双滚筒特种机械压平贴实，小面积草坪采用人工镇板拍平；然后浇水透水，使其成活。

4. 园路和广场工程。从广场施工开始，精心抓好工程质量。严格按五个工序施工：地基处理、塘渣回填、碎石找平、混凝土垫层、铺设面层。其中地基土方、塘渣回填、碎石找平其压实质量尤其重要，均采用 16 吨振动式压路机分层压实。园路、广场、停车位均采用花岗岩铺装，其花岗岩的品种规格都不一样，铺设要求也不一样，如园路弯曲对材料切割都要均匀设置，使园路曲折迂回，开合有致。

5. 停车位道路工程。道路宽度为 6 米和 7 米两种，道路采用双面坡，路拱坡度为 2%，采用黄锈花岗岩连体侧石，高出路面 6 厘米。圆弧侧石全部工厂加工，现场精心安装，保证了圆弧的准确和圆形美观。结合现场实际雨水排水情况设置雨水井。

6. 人行道胶粘石施工。并根据地质情况，在混凝土垫层内增加了 Φ6.5 钢筋网，严格控制预留水洗石厚度，清理基层表面。认真对卵石及专用胶剂的配合比计量、并充分搅拌均匀，摊铺平整，碾压密实、收平。

7. 夜景照明工程。按照施工图纸，所选灯具的光源有两种，分别金属卤化物灯和 LED 灯。本系统采用带经纬度调节功能天文时钟控制器，可实现分级控制、时间控制和手动控制。并可实现平时、节假、假日三种模式亮灯。

8. 绿化给水工程。对照综合管线图纸及现场进行核查，然后采用挖机、人工相结合进行开挖。挖掘深度根据设计要求，车行道下为 –1.0 米并加套管，非车道下为 –0.5 米，凡埋地钢管均作环氧沥青漆两道防腐。

开 放 经 开

本项目获得2014年度浙江省“优秀园林工程”金奖

申报单位：浙江沧海市政园林建设有限公司
通讯地址：宁波市鄞州区宁横路1688号
邮政编码：315105
联系电话：0574—28836638

御上江南景园 I 标段景观工程

建设单位 嘉兴华章置业有限公司

设计单位 浙江农林大学园林设计院有限公司

施工单位 浙江天姿园林建设有限公司

监理单位 浙江建业监理有限公司

起止时间 2013 年 3 月 1 日至 2013 年 9 月 18 日

工程造价 1685.32 万元

工程概况

御上江南景园Ⅰ标段景观工程位于嘉兴市中环南路与亚欧路交叉口，工程总面积 32000 平方米。施工内容主要包括土石方工程、场地平整、种植土（包括挖方、换土等）、铺装（包括广场、人行道、停车场、入口、园路等铺装）、围墙（包括小区围墙、景墙、特色墙等）、景观小品（包括景石、喷泉、叠水等）、木构（包括邻水平台、车库栏杆等）、花钵、花盆、陶罐及小型雕塑工程、绿化工程（包括乔木、灌木、花境、水生植物、草坪等）、给排水工程（包括喷灌系统、排水系统、水池给水系统等）、电气照明工程（包括灯具的安装、配电箱安装、外电源电缆的供应及安装）。

工程特点

御上江南景园整个园区河水环绕，红墙、绿荫、庭院，曲径通幽，步移景异，整个景园就如同一个浩瀚的森林花园。所有大型乔木均对种植土壤进行精细处理，并全面采用全冠成树的移植，从人居的角度、环境保护的角度都坚持了可持续的发展理念。

根据立地条件的差别，综合考虑环境因素。在水边、楼前、屋后、入户口、框景中均采用不同的植物品种和配置手法，融洽性好，植物造景效果很吸引眼球。植物配置选用了大量精品苗木进行多层次、多色彩组合，以适应不同季节的欣赏需求。养护管理相当精细，绿量浓密、叶色健康，植物长势良好。工程采取多变的地形造型，地形起伏线、面特别柔和自然，优美顺畅，不仅提升了绿化景观的可观赏性，而且保证了良好的自然排水功能。 园路线形流畅优美，路面平整，排版精确，纹样清晰对称，路侧排水采用石材定型加工，显得干净利落。景墙、指示牌、楼盘铭牌、木石坐凳等小品加工精细，安装稳固，与环境协调相融。

本项目获得2014年度浙江省“优秀园林工程”金奖

申报单位：浙江天姿园林建设有限公司
通讯地址：嘉兴市中环西路1047号友谊广场三楼
邮政编码：314001
联系电话：0573—82061889

罗马都市二期3组团园林景观工程

建设单位 嘉兴市明源房地产开发有限公司
设计单位 杭州爱琴海景观设计有限公司
施工单位 浙江永联环境股份有限公司
监理单位 浙江禾城工程管理有限公司
起止时间 2012年5月30日至2012年9月30日
工程造价 1216.67万元

工程概况

罗马都市二期3组团园林景观工程为住宅小区景观绿化工程，位于嘉兴市南湖新区，望湖路以北，云东路以西，施工总面积29000平方米。工程内容主要包括项目地块范围内硬景（回填土、堆坡、园林小品、水池、喷泉、花坛、亭阁、组团栏杆、健身器材、地下室出口等）、软景（乔木如榉树、朴树、香泡、红白玉兰、香樟、杜英等，灌木如多台枸骨、鸡爪槭、红叶石楠、红花檵木、南天竹、十大功劳等以及四季常绿的草坪地被）、景观给水、照明等室外工程。

工程特点

罗马都市二期3组团园林景观工程的设计以欧式古典主义为框架，大量运用模纹式花坛，讲究对称协调，概念新颖、主题明确，将人与自然这两大主题融合为一体，具有较高的文化内涵与时代气息，并且符合城市居住区园林绿化设计规范。合理地将环境绿化与路、石、树木以及景观小品等巧妙地结合在一起，形成一个形似封闭的玲珑剔透的小空间，却又让人产生豁然开朗的新视觉体验。利用季节变化规律，使道路四季有景、四季有花、四季常绿，保证了小区绿化的实际应用性。丰富的植物种类，科学地利用自然资源和环境空间，达到绿化与环境因素的有机统一，并且该项目具有健全的公共设施，喷泉、水池、亭阁、栏杆等一系列富有欧罗巴风格的景观小品，将置身于喧闹城市中的人们带到了另一片富有异域风情的境地。

P

本项目获得2014年度浙江省“优秀园林工程”金奖

申报单位：浙江永联环境股份有限公司
通讯地址：嘉兴经济开发区禾平街158号
邮政编码：314033
联系电话：0573—82228053

技术措施

在施工过程中，严格按照园林绿化规范及设计图纸的要求进行施工，加强与业主、监理、设计单位相互之间的联系，深刻理解设计及业主的意见，并加强工作力度，严格把关施工流程。苗木清单上的苗木、花草等质量不达标的一律不得进场，景观材料、苗木等在进场前经监理单位允许方得进场，并有专业人员整理及存放。在整个流程中，按照已经拟定好的施工组织设计及施工进度计划按时按量地进行施工，确保工程有条不紊地顺利完成。在业主单位、监理单位及设计单位的帮助下，对有效土层的厚度和种植土物理及化学性质应用，能够得到有效的保障：大乔木≥1.5米、小乔木和灌木≥0.6米、草坪和地被植物≥0.4米；有机质≥1.5%，草坪和草花类等土粒≤1厘米、乔灌木土粒≤2厘米。同时，在小区微地形的施工塑造中，对每个坡顶进行了定位及标高测量，土方造型完成后，坡度自然曲线流畅，另外还利用灌木及色块的高低错落，进行层次划分，使得整个小区绿地氛围更有层次及变化感。在景观硬质铺装施工方面，也是严格按照相关的工程施工规范，铺装质量直接关系到完工后铺装成品的外观，所以这道工序很关键。铺装控制分为很多环节，从材料选择、基层浇筑、面层铺设、检查验收到成品保护等每一个环节，环环相扣，其中在材料品质的把控上，项目部施工人员主要在选材、加工、运输、铺贴四个步骤予以严格把控。

公益性群众休闲设施二期（瓶山公园）工程

建设单位　嘉兴市园林市政局

设计单位　嘉兴市园林设计研究院

施工单位　嘉兴市园林绿化工程公司

监理单位　浙江禾城工程管理有限公司

起止时间　2012 年 2 月 20 日至 2013 年 6 月 18 日

工程造价　1248.5 万元

工程概况

公益性群众休闲设施二期（瓶山公园）工程位于嘉兴市中心，中山路中段北侧，东靠建国路，北抵中和街，公园面积 12933 平方米，瓶山山体面积 6600 平方米，高 15 米（黄海标高）。工程主要分项包括地面绿化、边坡绿化、园林建、构筑物工程、园路与广场工程、园林筑山、园林小品、园林给排水、园林电气照明、智能化工程。获得 2014 年嘉兴市“南湖杯”园林绿化建设优质工程奖。

工程特点

瓶山公园分为两大景区，共计 10 个景点，诗画江南景区含有景点：南入口、瓶山怀旧、八景画廊。瓶山积雪景区含有东入口、瓶山阁、香雪梅影、映雪台和新北门。诗画江南景区以中国自然式造园手法结合表现瓶山历史文化的小品，体现了老嘉兴所具有的浓郁文化气息的历史沉淀，瓶山积雪景区则围绕瓶山山脊景观轴线发展延伸，再现嘉禾八景之——瓶山积雪的经典景象。诗画江南景区通过以水池为中心，周边围绕建筑、道路、山石、植物，体现了高低错落、虚实相间的景观效果。视线越过水面，建筑互为对景，遥相呼应，水岸凹凸起伏，石桥横跨，利用地坪的自然高差，土岸石矶如出自然，使不大的水面扩大了空间感，使原本无序的空间有了重心。植物配置上以中、下层为主展开，保留原有乔木。在各入口区内主要为建筑、山石配景，如设置若干个植物小景点。在植物栽植上考虑高低错落之变化，落叶与常绿的搭配，季相与色彩的变化，疏与密的对比。同时考虑生态效应、多维空间的绿化，包括垂直绿化、门（廊）柱的绿化，使整个园区沉浸在绿色之中。

瓶山

本项目获得2014年度浙江省“优秀园林工程”金奖

申报单位：嘉兴市园林绿化工程公司
通讯地址：嘉兴市吉水路521号
邮政编码：314001
联系电话：0573—82683835

结语

该工程融入了当地的文化与景观相呼应，很好地体现了设计意图。园中的亭、廊、轩、堂、阁、桥、登山步道等景观设施体现了吴越文化的内涵，满足了市民休闲、游憩、晨练、娱乐的活动要求。充分利用现有用地的地形地貌，结合周围环境，合理划分功能区域，运用凝重又浪漫的手笔刻画诗画江南、瓶山积雪特有的韵味和积淀，通过厚重的历史文化，重现旖旎风光。

优秀园林工程

嘉兴万科秀湖花苑住宅小区景观绿化工程

建设单位　嘉兴万科房地产开发有限公司
设计单位　浙江佳境规划建筑设计研究院有限公司
施工单位　浙江荣林环境工程有限公司
监理单位　浙江工程建设监理公司
起止时间　2013 年 6 月 1 日至 2013 年 8 月 18 日
工程造价　813 万元

工程概况

嘉兴万科秀湖花苑住宅小区景观绿化工程位于嘉兴市秀洲区秀洲大道东侧，绿化总面积 34912 平方米，其中地被 3156 平方米；草坪 28956 平方米；园路铺装 1500 平方米；停车场 1300 平方米。工程主要内容包括施工图范围内的地形处理、树木种植、园林景观（广场、园路、水景）及给排水、电气安装等分项工程。建设内容有凉亭两座及台阶、特色景墙、特色水景在内的四个铺装区域；以及景观灯具安装，绿化给排水安装。绿化部分主要种植有朴树、香樟、珊瑚、马褂木、广玉兰、石楠、重阳木、无患子、四季桂、紫玉兰、蜡梅、垂丝海棠、黄金槐、红叶李、红梅、银杏等乔木以及女贞球、石楠球、红花檵木球、紫荆、茶花、南天竹、八角金盘、海桐球、金森女贞、金边黄杨等灌木及草坪。

工程特点

竖向设计，因地制宜；园林小品能反映一定的人文气息及文化内涵，合理利用立体空间进行人文景观布置；植物配置科学合理，有层次感，季相丰富，能体现适地适树的原则。

园林建筑、小品、园路、广场等园林设施符合国家标准，并具有美感，运行正常。

植物生长良好，无明显病虫害，成活率达到 100%，草坪等地被植物覆盖率达 100%，草坪整洁度达 99% 以上，植物修剪整齐，景观效果较好。

本工程以“以人为本，融入生态，注重动态效果、人文环境、景观功能化”等居住小区环境设计新理念，突出梦想和温馨的主体，从小区步行道、广场、水体、绿化树种与植物配置等方面营造小区景观特色。

本项目获得2014年度浙江省“优秀园林工程”金奖

申报单位：浙江荣林环境工程有限公司
通讯地址：嘉兴市华新花园11幢商办楼601室
邮政编码：314000
联系电话：0573—82611373

金
优秀园林工程

嘉兴绿城·悦庄别墅区绿化工程 II 标段

建设单位 嘉兴汇隆置业有限公司
设计单位 杭州绿城风景园林设计有限公司
施工单位 杭州华东市政园林工程有限公司
起止时间 2012 年 10 月 30 日至 2013 年 4 月 30 日
工程造价 480 万元

工程概况

绿城·悦庄别墅区位于嘉兴市秀洲新区龙盛路与秀园路口，京杭大运河北岸，地理位置优越，人文底蕴醇厚悠远。项目传承法式宫廷建筑精髓，外立面追求经典尊贵气度，讲究比例和对称，园林则以凡尔赛花园、枫丹白露、香榭丽舍为蓝本营造法式景观，再现法式宫廷园林的雍容与气派，工程施工面积 10500 平方米。工程主要内容是整个西区块庭院绿化工程和公共区域的绿化工程，包括土质改良、土方精整形及垃圾清理，苗木及草坪种植、灌溉、养护等工作内容。

工程特点

绿城·悦庄从最初就将人文脉络、绮丽景观、闲适生活三个词语囊括在自己的特点内。踏入庭院，入眼即见清幽草地、宽阔泳池、舒适躺椅、阔绰凉亭，还有烧烤台、假山石、碧波潭，每一处都尽显着惬意生活的设计理念；平均1333平方米居住环境的空间，让每一栋别墅都有更完美的“单体空间”；2.2米的围墙区隔，又让每一位业主拥有更私密的空间；让人欣喜的还有院落里的那些小品，于假山碧水里游走的鱼儿，喷泉水出的石雕，静卧一隅的红花。相对封闭的住宅项目，每天面对的是相同的景观，因此在整体环境的景观上注重体现四季明显的季相变化，在园中种植的植物种类丰富多样，多姿多彩。

工程地形改造因地制宜，塑造了高低起伏、无穷变化的空间格局，在土方工程上，不仅考虑到各植物的生物学特征，更考虑到该地形对整个园林空间的层次划分，对整个景观意境的影响。

种植苗木时，工程通过乔木与灌木结合的方式对各个层次进行的空间的分割及联系，使空间更具有自然的节奏，使其处处有景。还特别突出了立体绿化，景观错落有致，强调了空间的立体感和韵律感。走在回家的路上，无处不在的风景形成了一幅幅美的画卷，让每一次顾盼都成为美的游历。

本项目获得2014年度浙江省“优秀园林工程”金奖

申报单位：杭州华东市政园林工程有限公司
通讯地址：杭州市古运路85号古运大厦7楼
邮政编码：310011
联系电话：0571—28920111

义乌市赤岸镇西溪河道景观工程一标

建设单位　义乌市赤岸镇人民政府

设计单位　上海开艺建筑设计有限公司

施工单位　浙江良九园林建设有限公司

监理单位　浙江中林工程管理有限公司

起止时间　2013 年 7 月 9 日至 2013 年 12 月 27 日

工程造价　693.93 万元

工程概况

义乌市赤岸镇西溪河道景观工程一标工程位于义乌市赤岸镇西溪河道雅端村至大新屋村段，总面积 14515 平方米，其中绿化面积 8915 平方米，铺装面积 5600 平方米。工程内容包括苗木栽植和养护、土方工程、透水路面自行车道、停车场、园路、老石板路、景观铺装、木栈道、廊架、木亭、石拱桥、挡墙、河道驳岸、河道修整、景石跌水、景墙、情景铜雕塑、路灯照明等。工程旨为响应赤岸镇的构建“文化生态休闲旅游强镇”的发展战略，建设“四美、三宜、两园”的美丽乡村。

工程特点

本工程的彩色透水混凝土自行车道色彩亮丽，表面平整，透水性能良好，骑车舒适感佳，能充分满足人们运动休闲的需求。

采用 15—20 厘米卵石浆砌而成的挡土景墙，表面平整圆润，勾缝线条优美。2.1 米宽的园路采用老石板为原材料，经石匠精心加工制作而成。古驿道采用老块石铺装，更彰显了古朴的文明气息。

在西溪上利用景石造就多道跌水动景， 景石叠置造型自然优美，水流更富动感，再加上半圆形石拱桥，突显了小桥、流水、人家的江南乡村风情。

整个工程木结构尺寸精确、安装牢固、漆面光洁均匀。主要包括木栈道、紫藤花架、单面木质花架、四角亭及“桂语桥廊”改造提升等工作内容。

雕塑工程包括春耕、插秧、浇灌、收获等主题，以及古道记忆情景、彩蝶飞舞等铜雕塑，充分展现了当地的传统文化特色。

工程精心种植和养护植物，再配上籽播的花草，一直鲜花盛开，吸引了大量义乌市民前来观赏。

本项目获得2014年度浙江省“优秀园林工程”金奖

申报单位：浙江良九园林建设有限公司
通讯地址：台州市市府大道8号1层商业用房
邮政编码：318000
联系电话：0576—88066055

金华欧景名城景观工程一标段

建设单位 金华欧景置业有限公司

设计单位 湖南建科园林有限公司

施工单位 杭州中艺园林工程有限公司

监理单位 浙江东方工程管理有限公司

起止时间 2013年10月25日至2014年4月15日

工程造价 1378.06万元

工程概况

金华欧景名城景观工程一标段工程位于金华市宾虹路以南，婺州街以东，原金华理工职业技术学院旧址。施工面积40000平方米。施工内容主要包括土方造坡、铺装、园路、坐凳、花坛、组合廊、花架、喷泉雕塑、特色景亭及水电安装等，为一个综合性居住小区景观工程。

工程特点

本工程按照"节地、节水、节财"的节约型园林绿化理念进行建设。绿化以乡土树种为主，精心选树，科学配置，注重乔木、灌木及花卉的合理布局，营造一个环境优美的高档生态住宅小区。有特色水景、喷水池、特色景亭、廊架、花钵、树池等园林工程。

通过地形改造，力求土坡造型大气、线条融合、起伏自然，施工时准确地把握好每处坡面垂直走向和水平走向，创造出自然舒缓的坡形和起伏不一的高差美感，通过努力，顺利地调整好斜坡。园路与坡底处种植的苗木，有效地阻挡水土流失到园路上来。

不同材质、规格、形式的铺装材料及精细的施工工艺使地面铺装衬托了建筑的活力，突显了现代简约风格，细部处理提供适宜人体尺度，丰富景观层次；多层次的景观元素塑造了道路环境的多元空间感。各种手法的特色铺装形式使居民达到步移景异、路景变换的效果。

工程在景观小品的配置上，始终以美观、独特为宗旨，景观小品由最初的设计到施工，始终以与小区整体风格相配为出发点。施工中，使小品的基础地面做得尽可能地稳固，降低小品发生歪倒和破坏的几率，小品表面干净，给人一种整洁的感觉。小品的整体风格与整个景观相协调，起到相互衬托的作用。

由于整体预制成型，自身密封性能好，与塑料管材的连接方便可靠且不易渗漏，因而彻底解决了渗漏问题，能够有效利用雨水和污水资源，达到节水效果。

本项目获得2014年度浙江省“优秀园林工程”金奖

申报单位：杭州中艺园林工程有限公司
通讯地址：杭州市江干区九堡镇九盛路9号
邮政编码：310019
联系电话：0571—85892004

金华欧景名城景观工程二标段

建设单位 金华欧景置业有限公司

设计单位 湖南建科园林有限公司

施工单位 浙江新天地市政环境绿化有限公司

监理单位 浙江东方工程管理有限公司

起止时间 2012年4月20日至2013年6月22日

工程造价 2607.91万元

工程概况

金华欧景名城景观工程二标段工程位于金华市宾虹路以南，婺州街以东，原金华理工职业技术学院内。绿地总面积20000平方米，铺装总面积19000平方米，工程施工内容包括场地清理、造坡、树池、铺装、园路、廊架、亭、绿化等。该工程是一个集建筑、园林小品、绿化种植、道路面铺装、水景、水电安装、土方造坡等工程项目于一体的综合性园林绿化工程。

工程特点

本工程植物配置基础首先在于地形的营造。通过自然式的汇聚、组合，以此为核心，总体环境统一、多样，有地形的高低起伏、水体及园路线的曲折回转、阳坡阴面的变化、石径沟壑的交错，还有建筑、道路、广场、景观亭榭及其他人工体对空间的划分及联系等。

安排布置好主要植物群落中的骨干树种，再依据自然状态下的群落模式，实行种植区域内乔、灌、花、草的层次分布，常绿、落叶树种的混合交替。同时，适时修正搭配的树种和栽植方式，使之能统一于欧景名城院内的总体植物环境。在配置手法上，广泛采取自然式的散植、混植和适当的孤植等形式，即使对常用的色块型花灌木树种，也是通过大小树木混植、点植、小数量丛植、乔木下荫木型栽植等手法，融合在植物群落化的环境中。

景观水池最重要的一个步骤是防水的处理，主要用到 911 防水涂料，再加上防水卷材，管道处及水池周围浇上防水油膏，如此工序以达到滴水不漏的效果。在保证排水通过和植物需要的土层深度的条件下，增加绿地坡度，形成的视觉高差，既节约了施工成本，又保证了植物生长的土层厚度，美化了景观效果。

曲径通幽是一种意境，也是一种情调主题，以此工程利用项目周边环境设计了森林走廊、河谷栈道等，弯曲的小径成为景观中最具吸引力的空间，小道两旁的植物主题园，经过精心布置的路旁花境，都别具一番情调。硬质铺装与周围景观和谐相融，营造出独有的温馨感。景观雕塑与小品经过精心摆设，造型独具匠心，营造出很自然的情景化生活氛围。无处不在的坛坛罐罐和喷水雕塑等展现了空间的构成、季相的变化与水景的映衬，与建筑的辉映都离不开植物的造景。

本项目获得2014年度浙江省“优秀园林工程”金奖

申报单位：浙江新天地市政环境绿化有限公司
通讯地址：义乌市后宅西何工业区华劲路1号三楼
邮政编码：322000
联系电话：0579—85673110

衢州市保障性住房周边配套绿化工程

建设单位 衢州市园林管理处

设计单位 衢州市城建设计有限公司

施工单位 浙江达华园林建设有限公司

监理单位 浙江联达工程项目管理有限公司

起止时间 2012 年 10 月 27 日至 2013 年 4 月 22 日

工程造价 1175 万元

工程概况

衢州市保障性住房周边配套绿化工程位于衢州市兴华保障性住房周边，主要分为原浙赣铁路西段绿化区块、兴华公园区块、礼贤街头绿地区块，为综合性园林景观工程。总面积 50000 平方米。该工程为综合性园林景观工程，主要内容有土方造型、绿化种植、置石造景、公共厕所、管理用房、景观亭、市民休闲廊、园路及铺装、慢行道、景观小品、公用设施、园林给排水、浇灌系统、园林电气等。

工程特点

兴华公园区块地处国家安居工程中心地段，东临衢化西路交通要道，西临新建保障性住房，集公路绿化和市民休闲绿化为一体。园林地形可以创造出空间环境，通过造型，可以划分出不同的自然空间。一边是笔直宽广的森林景观大道，一边是高低有致、起伏有形的景观形态，具有双重的视觉感受。

在施工中，优先考虑安居居民的居住景观，以节约型绿地建设的方式来营造整体。低、中、高植物的种植起到隔离、缓冲汽车尾气和噪音的作用。衢州市区第一条彩色陶瓷防滑漫步道镶嵌在绿带之中，供市民休闲、晨练。工程亮点突出，多角度构建了和谐、亲民的民心景观。

在衢州，马尼拉草坪是常见的也是面积最大的园林地被。为了提高绿地效能，使市民感到宁静、舒适而整洁的生态环境，工程在道路两侧采用了由百慕大、黑麦草混合组成的草地，冷暖两季，效果甚佳，终年保持油绿，茸茸可爱，为当地的草坪建设实践出一条新路。

在品种搭配上，采用不同的植物展现不同的季相效果，形成了春、夏、秋、冬景观各异的绿化空间，并着重在路旁、树坛、树池、林下设置四季草花、景石在整个景观体系中穿插，使游人不断欣赏到因时序而替换的景色，体现出植物配置的自然美。

本项目获得2014年度浙江省“优秀园林工程”金奖

申报单位：浙江达华园林建设有限公司
通讯地址：衢州市府东街595号
邮政编码：324000
联系电话：0570—2351826

金

优秀园林工程

绿城·秀丽春江 2# 地块高层区景观工程

建设单位　浙江铁建绿城房地产开发有限公司

设计单位　浙江城建园林设计院有限公司

施工单位　杭州天香园林股份有限公司

监理单位　浙江处州建设管理有限公司

起止时间　2012 年 10 月 1 日至 2013 年 6 月 30 日

工程造价　1750.67 万元

工程概况

绿城·秀丽春江 2# 地块高层区景观工程位于丽水市中山街与卢镗街交叉口，用地面积 32000 平方米。工程范围包括苗木种植、园建小品及土方工程，主要施工项目为种植土回填、铺装、园路、观景平台、主景亭、入口景观、水系、儿童游戏区、叠石以及栽植乔木、灌木、地被、草坪等。绿化苗木主要以重阳木、无患子、黄山栾树、合欢、朴树、香樟、枫香、单性木兰、元宝枫等为小区绿化骨架，以桂花、紫薇、红枫、日本晚樱、棕榈、紫叶李、西府海棠、鸡爪槭、加拿利海枣、红梅、石榴等为中层乔木，以毛鹃球、红叶石楠球、红花檵木球、无刺枸骨球、茶梅球等为上层灌木，以红花檵木、金边黄杨、月季、八仙花、夏鹃、毛鹃、八角金盘、小叶栀子、金森女贞等各种灌木为配景，地被植物为花叶络石、金叶络石、菲白竹、麦冬等，草坪为百慕大。小区植物配置自然、层次丰富、季相明显。

工程特点

本工程打造了一个风格鲜明的高品质居住区，植物造景突出生态，突出绿量，在有限的楼间绿地中增加乔木比重及复层种植，利用植被景观体现住宅的异质性，同时结合地形的变化塑造不同的空间体验，实现“景观结合自然，美观结合经济，简洁、大方、自然”的效果。在强化中心组团绿地的同时，也致力于多层次的、发散性的景观节点和景观廊道的构筑，以实现景观的均好性，为住户提供更多参与景观休闲和体验社区家园氛围的平等机会。充分考虑到不同的活动人群类型，尤其是建设了儿童活动场所，为居民提供了活动的场地，通过营造活力四射的社区氛围，使居民拥有“归宿感”。

绿色风情带沿着小区的主路展开，结合精致的入户口空间、风情浓郁的邻里休闲空间以及趣味的林荫步道，构筑了园区兼具生态性和独特性的底景。

工程充分结合微地形设计、植物空间塑造，利用景墙、建筑小品组合空间，创造了一个步移景异的社区花园，充分地利用了景观资源，提升了园区的景观品质。

本项目获得2014年度浙江省“优秀园林工程”金奖

申报单位：杭州天香园林股份有限公司
通讯地址：杭州市萧山区所前镇越王村151号
邮政编码：311254
联系电话：0571—82348888

温州市茶山高教园区经济适用房二期工程景观绿化

建设单位　温州市高教园区建设管理委员会
设计单位　北京中国风景园林规划设计研究中心
施工单位　浙江绿艺园林工程有限公司
监理单位　温州市景观园林建设工程监理有限公司
起止时间　2013年1月22日至2014年1月23日
工程造价　1385.85万元

工程概况

温州市茶山高教园区经济适用房二期景观绿化工程位于温州茶山高教园区。绿化面积21127平方米。工程主要包括岗亭、木廊架、景墙、沥青道路、地面铺装、花坛、室外景观灯具安装、室外绿化给水、植草停车场、苗木种植绿化等项目。其中工作量较大的主要是种植土回填、沥青道路基础和面层铺装、透水砖花岗岩基础和面层铺装、乔木、灌木、地被、草坪种植绿化，景观照明施工等内容。

工程特点

本工程选用全冠移栽苗自然群落种植，利用树形相近的常绿与落叶树种进行层次搭配。根据小区绿化特点，主入口、公用性小区域活动空间的植物配植采用了较大的乔木品种，各种植物的高矮、树形及色调配置丰富，窗前窗后种植以小乔木和灌木为主，路边以灌木、地被植物、草坪种植为主。

工程同时结合小区道路车行和人行区间的分布来组织种植搭配，一直遵循以人为本、源于自然、高于自然的建设理念，并注重体现园林艺术的规律来组织工程绿化施工。重点突出乔木、灌木、草本地被，各层植物均成片栽植，气势很大，同时采用了丰富多彩的乡土树种作为绿化的主要种植品种，能有效保证植物以后持续性生长的良性发展。工程绿化种植成活率达到了 100%。整个小区植物配置丰富，生态良好，铺装和小品色调与小区建筑及周边环境相呼应，为入居本小区的居民营造了一个功能齐全、景色美丽的园林式居住环境。

本项目获得2014年度浙江省“优秀园林工程”金奖

申报单位：浙江绿艺园林工程有限公司
通讯地址：温州市温州大道铁道大厦1301室
邮政编码：325014
联系电话：0577—85225822

温岭开元四期豪庭苑景观绿化工程

建设单位　温岭市广源房地产开发有限公司

设计单位　香港贝尔高林有限公司

施工单位　浙江绿驰景观工程有限公司

起止时间　2011 年 4 月 10 日至 2012 年 6 月 15 日

工程造价　2346.5 万元

工程概况

温岭开元四期豪庭苑景观绿化工程位于温岭市城西街道中华北路东侧，绿化面积 31653 平方米。工程范围包括小区苗木种植，主要以栽植乔木、灌木、地被植物、草坪为主。小区外侧另有公建绿化用地面积 20000 平方米。绿化苗木主要以银杏、沙朴、广玉兰、乐昌含笑、香樟、国槐、蒙古栎、加拿利海枣、银海枣等为小区绿化骨架；以桂花、八棱海棠、紫薇、红枫、樱花、梅花、紫玉兰等为中层乔木；以茶梅球、红叶石楠球、红花檵木球、无刺枸骨球等作为球形点缀，能使中层乔木层次更加分明，与灌木之间的衔接曲线更加优美；以红花檵木、红叶石楠、茶梅、金森女贞、毛鹃、紫鹃等各种灌木为配景；地被植物为花叶络石、兰花三七等。

工程特点

小区植物配置自然，层次丰富，季相分明，打造了一个风格鲜明的高品质居住区。植物造景突出生态，突出数量，在无限的楼间绿地中增加乔木比重及复层种植，利用植被景观体现住宅的异质性，同时结合地形的变化塑造不同的空间体验，实现"景观结合自然，美观结合经济，简洁、大方、自然"的效果。强化中心组团绿地的同时，也致力于多层次、发散性的景观节点和景观廊道的构筑，以实现景观的均好性，为住户提供更多参与景观休闲和体验社区家园的浓厚氛围。充分考虑到不同的活动类型，尤其是儿童活动场所，营造活力四射的社区氛围，使居民拥有"归宿感"。绿色风情带沿着小区的主环路展开，结合精致的入户口空间、风情浓郁的邻里休闲空间以及趣味的林荫步道构筑了园区兼具生态型和独特性的底景。工程结合地形设计、植物空间、景墙、建筑小品组合创造了一个移步换景的花园社区。园区局部采用微地形起伏，丰富了空间层次，充分利用景观资源，提升了园区的环境品质。

本项目获得2014年度浙江省“优秀园林工程”金奖

申报单位：浙江绿驰景观工程有限公司
通讯地址：杭州市西湖区嘉绿景苑北大门金月巷99号
邮政编码：310013
联系电话：0571—88913360

铂晶国际花园硬质景观、园林绿化工程

建设单位　浙江椒江建设房地产开发有限公司
设计单位　香港贝尔高林有限公司
施工单位　浙江绿驰景观工程有限公司
监理单位　湖北华泰工程建设监理有限公司
起止时间　2012年9月26日至2013年5月30日
工程造价　4300万

工程概况

铂晶国际花园硬质景观、园林绿化工程位于台州市椒江开发区繁华中心，白云山西路以南，西邻九号路，东临学院路，咫尺中央商务圈。项目占地面积59000平方米，总建筑面积150000平方米。社区内拥有超大规模的中央景观园林、果岭高尔夫球场、游泳池、双主题会所等，以天赋斌贵的福佑之地，打造上层人士的尊贵府邸。工程范围景观面积48000平方米，施工内容为施工图纸所包含的园林绿化、景观（包括硬地铺装、园路、亭廊构架、水系驳岸及安装工程）项目。绿化苗木主要以乐昌含笑、香樟、银杏、沙朴、广玉兰、海枣等为小区绿化骨架，以樱花、紫玉兰、桂花、紫薇、红枫等为中层乔木，以红叶石楠球、红花檵木球、无刺枸骨球等作为球形点缀，能使中层乔木层次更加分明，与灌木之间的衔接曲线更加优美，打造了一个高尚、生态、自然的高端楼盘。

工程特点

本项目以高尚、生态、自然为设计理念，强调人与自然，人与人之间的和谐交流。小区绿化四季分明，乔灌木搭配层次自然，施工工程节能减排，把小区打造成“居诗意府邸，享山水之情”的舒适居住环境。

铂晶国际花园

本项目获得2014年度浙江省“优秀园林工程”金奖

申报单位：浙江绿驰景观工程有限公司
通讯地址：杭州市西湖区嘉绿景苑北大门金月巷99号
邮政编码：310013
联系电话：0571—88913360

技术措施

由于工程苗木处于非种植季节，利用大型移植苗、事先假植、营养液滴灌、叶面喷雾等施工方式确保苗木成活率及树形完整。工程穿插作业较多，在不影响其他施工单位的情况下，同时积极配合设计进行现场深化施工。采用大小苗木搭配、增加苗木层次等方法解决地下室顶板上土丘造型高度不够等问题，利用疏密有致的种植方式达到步移景换的效果。工程使用雨水回收利用技术，将回收的雨水处理后用于园区浇灌等。利用了乡土树易成活的特性，将其片植或群植，甚至是选择其中造型优美乡土树孤植，形成常见树木造型和搭配上的新突破。

优秀园林工程 金

中国（台州）民营经济发展论坛房产区绿化工程（泊盛桃源）

建设单位 浙江泊盛置业有限公司
设计单位 中国美术学院风景建筑设计研究院
施工单位 浙江百花园林集团有限公司
起止时间 2010 年 10 月 23 日至 2012 年 1 月 5 日
工程造价 1132.9 万元

工程概况

中国（台州）民营经济发展论坛房产区绿化工程（泊盛桃源）工程位于台州市路桥城区，工程总绿化面积 47030 平方米。工程包括小区内苗木种植养护、景观及铺装、景观部分的水电安装等。景观工程包括沿街场地铺装广场砖、幼儿园室外活动场地建设、中心区汀步、木廊等。苗木种植包括堆土造坡，种植大香樟、桂花、广玉兰、榉树、合欢、紫玉兰、女贞、乐昌含笑、银杏、杜英、石楠等乔木；种植蜡梅、山茶、含笑、南天竹、栀子花、珊瑚、红叶石楠、红花檵木、八角金盘等花灌木；种植花叶蔓长春、鸢尾、吉祥草、银边常春藤、草坪等地被植物及时花等。

工程特点

本小区是一个坐北朝南、三面环山的景观小区，属于住宅的纯别墅区。小区呈纵向长、横向窄的形状，一条主干道贯穿南北，七八条支路向东西向放射。小区综合利用一条与主干道平行的溪流，溪水自南而北，流经整个地块，穿梭于小区内宅前、绿化之间。流水潺潺，以石叠山，宛若天成，再结合小区的绿色小道、步石、小桥、林荫步道，形成一个可观、可憩、可居的高档生态居住区。

绿化布局合理，构思新颖，富有特色。以植物造景为主，充分发挥原有的小区特色，并通过乔木、灌木合理的生态组合，很好地体现了“碧水曲环、因势造型；共生共享、可览可憩”的设计意图。

本项目获得2014年度浙江省“优秀园林工程”金奖

申报单位：浙江百花园林集团有限公司
通讯地址：台州市路桥区花卉园区8号
邮政编码：318050
联系电话：0576—82828888

结语

整个景观工程秉承“以人为本，生态优先”的设计理念，运用水、石、植物、建筑四大构景要素，采用规整对称和自然错落相结合的布局手法，充分表现了典雅、大气、高贵的景观特色，形成与居住区交相辉映的风景画面。

金
优秀园林工程

滁州·国际城花园A地块二期环境绿化工程

建设单位　滁州市发能房地产有限公司
设计单位　广州普邦园股份有限公司
施工单位　广厦东阳古建园林工程有限公司
监理单位　汕头市城市建设监理公司
起止时间　2012年6月20日至2012年12月19日
工程造价　1410万元

工程概况

滁州·国际城花园A地块二期环境绿化工程位于安徽省滁州市，也是滁州市创全国卫生城市的第一个示范小区。工程施工面积45400平方米，施工内容由园林建筑、园林绿化、园路铺装、景观照明、园林给排水电器及安装等组成。

工程特点

本工程亭台楼阁一应俱全，树木花草错落有致，平整的小道在绿荫下延伸，绿色的草坪吐露着清香，鱼儿在池水中游弋，小鸟在枝头上跳跃，吸引着小区居民漫步在小道上，休息在亭廊中。

国际城
FaNeng International Town

本项目获得2014年度浙江省“优秀园林工程”金奖

申报单位：广厦东阳古建园林工程有限公司
通讯地址：东阳市工人路98号
邮政编码：322100
联系电话：0579—86636191

技术措施

先抓好原材料验收关，所有原材料进场，都必须有出厂合格证及所需要的试验报告数据资料。并在材料使用前向监理人员申请报验，审核后才使用。工程每道工序施工，操作前先向施工班组进行详细的施工图纸和施工技术要点作书面交底。及时做好组织，邀请质监部门、现场监理、业主等有关人员，参加每一道分项隐蔽工程验收工作，经验收合格后，并做好工程技术资料签证手续，方可进行下一道工序施工。建立完善的现场项目组织体系，对施工中的关键点、难点和通病进行技术攻关，确定施工方案，现场配有专职质检员和安全员，对工程质量和安全文明施工进行全方位管理。在苗木的种植过程中，严格按图纸要求进行放样，对苗木种植的树穴大小、深度，按隐蔽工程验收规范，及时通知现场监理检验，做好隐蔽工程验收记录。

优秀园林工程

九江书画院园林景观绿化工程

建设单位　江西省九江市九江书画院
设计单位　北京土人景观与建筑规划设计研究院
施工单位　杭州橡树林景观园林有限公司
监理单位　九江市建设监理有限公司
起止时间　2011 年 4 月 1 日至 2011 年 9 月 2 日
工程造价　1400 万元

工程概况

九江书画院位于江西省九江市政府后院的南湖边上，是南湖公园的核心区块，原为南湖公园翠竹院。为了更好地传承九江书画艺术，进一步提升九江历史文化名城的文化品位，让九江书画院艺术上的名人名家有一个良好的治学环境和创作平台，新的书画院经市政府确认选址至此。景观面积 12000 平方米。工程种植物种丰富，品种达 80 种；植物造景深入，结合了画院中各种功能性的市政道路、园路、停车场、亭子、廊、榭、棚架、叠水水池、景观墙、假山、景桥、雕塑等小品，创造了具有诗情画意的中国山水画风景园林。

工程特点

九江书画院以“画意”为主题，使进入者被场景感染，有画的意境，从而萌发出书画的情绪。通过对国画的理解：“外师造化，中得心源”，“意存笔先，画尽意在”。在施工中紧紧围绕这两句话来表现出一个与众不同，世外桃源般的画院景观。如何将建筑、植物、水系、山石、景墙的天然结合，融于竹林、花草中，恰如“虽由人作，宛自天开”的风致趣闻，给人一种舒适、爽朗的感觉，突出画院的“画意”。

本工程在尊重原始地形、小河、地貌、大树的基础上，巧妙地利用地势、植物高低的层次变化，引入山石、沙石、生态景墙、种植岛、跌水等主要元素，形成了层次多样的空间布局，勾勒出一幅天然图画，使进入者在观赏景色的同时，领悟“要适林中趣，应存物外情”的禅理。工程同时采用了可循环利用的灰色钢结构与灰色的瓦片相结合，融合了现代与传统的元素。

杭州橡树林景观园林有限公司

本项目获得 2014 年度浙江省“优秀园林工程”金奖

申报单位：杭州橡树林景观园林有限公司
通讯地址：杭州市古墩路 98 号西城新座 7 楼
邮政编码：310013
联系电话：0571—85303540

优秀园林工程

中大圣马广场绿化景观工程

建设单位　中大房地产集团南昌圣马房地产有限公司

设计单位　四川蓝海环境设计有限公司

施工单位　杭州天开市政园林工程有限公司

监理单位　南昌市建筑技术咨询监理有限公司

起止时间　2013 年 7 月 10 日至 2013 年 12 月 10 日

工程造价　1024.49 万元

工程概况

中大圣马广场绿化景观工程位于江西省南昌市朝阳洲彭泽路与云锦路交叉口，工程总绿化面积 14231 平方米。绿化景观工程包含乔木、灌木、草坪、地被植物、园路、廊架、铺装等。

工程特点

中大圣马广场致力于打造一个高绿化率的小区环境，它以景观绿地为载体，注重以人为本，提倡生态优先的绿化设计理念。

本工程植物层次分明，将乔木、灌木、草坪合理优化配置，大幅提高小区内绿化率，使植物真正发挥其生态功能。在树种选择上，充分运用丰富多彩的乡土树种资源，组成各种专类组团，并以植物结合地形起伏，合理分割空间，使景观效果更加丰富。

在景观设计中的水景工程部分，合理运用丰富的园林植物软化驳岸，使植物与水体衔接自然，协调美观。整个水景工程施工完成后，水景驳岸处理自然，景石点置合理，不仅调节了小区的小气候，还美化了小区环境，使小区景观增添了流动的色彩。

工程中有多种园路铺装和景观小品，每块铺装面层平整且线性流畅，各类建筑小品精细整洁，保证了整个小区的景观品质。

本项目获得 2014 年度浙江省“优秀园林工程”金奖

申报单位：杭州天开市政园林工程有限公司
通讯地址：杭州市萧山区萧杭路 54 号
邮政编码：311203
联系电话：0571—82808667

绿城·昆山玫瑰园东南区块样板区景观工程

建设单位　昆山香溢房地产有限公司
设计单位　杭州园林景观设计有限公司
施工单位　杭州赛石园林集团有限公司
起止时间　2011 年 3 月 5 日至 2011 年 11 月 30 日
工程造价　1366.5 万元

工程概况

绿城·昆山玫瑰园东南区块样板区景观工程位于江苏省昆山市巴城镇湖滨路 3888 号，阳澄湖国际旅游度假村，整个小区三面环水，东靠湖滨路、西邻阳澄湖。工程内容主要包含主入口景墙、水景；公共区块人行道铺装、中轴线花坛、雕塑、水景小品；景观花架的硬质铺装、建筑小品及植物景观配置种植，别墅庭院景观工程及外围绿化种植工程等项目。

工程特点

本工程以绿城玫瑰系列为设计理念，在景观风格上不仅汲取了欧美国家的别墅风格，也加入了现代中国庭院的建筑思想，同时融合当地民居庭院的建筑构思。选用植株形态优美，长势良好，根系发达的苗木，借助木廊架、墙体门窗、绿岛，通过聚隐透借、幽曲疏漏的方法，利用有限的空间进行造景，丰富的层次搭配表现出隐隐的景观趣味。

工程对材料进场有着严格的衡量标准，绿化苗木首先要以设计意向中所确定的苗木品种及规格为依据，根据现场实际情况，及当地土壤苗木习性，使苗木种植完成后与建筑主体，空间环境相吻合。结合不同空间的使用及观赏要求，对绿化设计进行现场调整。由于建筑庭院布局特殊，对于后期更换苗木难度很大，以及为了达到最好的景观效果，很多苗木都采用移栽苗、容器苗，以确保成活率及第一时间景观效果。个别苗木由于出产地的土壤特性，需要对种植区进行相应及更细致的改良和消毒，并带客土移植，以保证苗木成活率。在施工中为了达到植物层次和色彩体现，采用了很多特选苗木，种植乔木选用银杏、樱花、玉兰、红花木莲等，灌木与地被植物选用金森女贞毛球、红花檵木毛球、八仙花、大花月季、夏鹃、春鹃、木槿、花石榴等。运用点栽和花境布置等多种方法构成丰富多彩的植物景观，确保四季有花，叶色变化丰富的景观效果。硬质材料也是根据设计要求提供相应的小样，经过三方确认材质及规格，在施工现场进行放样，对于要求较高的圆形拼花铺装、冰裂纹铺装及规则菱形铺装逐一进行测量计算。由于是欧式风格，小区中轴线的景观显得更加重要，不单单是植物栽植要求对称相似，硬质铺装及小品的布置尤其要求精确到厘米，务必做到笔直对称。

本项目获得2014年度浙江省“优秀园林工程”金奖

申报单位：杭州赛石园林集团有限公司
通讯地址：杭州市余杭区文一西路1218号19幢
邮政编码：311121
联系电话：0571—85776368

吴江东太湖温泉度假酒店项目景观工程（二标段）

建设单位　吴江市东太湖酒店投资管理有限公司
设计单位　北京中外建筑设计有限公司
施工单位　杭州萧山园林集团有限公司
监理单位　江苏建科建设监理有限公司
起止时间　2012 年 6 月 15 日至 2013 年 5 月 22 日
工程造价　1998.04 万元

工程概况

吴江东太湖温泉度假酒店项目景观工程（二标段）工程是东太湖温泉度假酒店入口及道路两侧绿化工程，位于江苏省苏州市吴江区。工程主要为土建工程、绿化工程及水电工程。土建工程包括主入口铺装、主入口水景及两侧草阶工程。铺装面积 3000 平方米，采用 50 厘米厚深灰色和芝麻白花岗岩，铺贴技术得到了监理单位、设计单位、质监单位及建设单位的肯定，铺装完成后大型施工车辆的通行并未产生大的破坏，达到了使用的要求；主入口水景占地 1000 平方米。绿化工程主要包括三角区绿化、行道树隔离带绿化、林荫大道两侧绿化、水景前后绿化及转盘处绿化。

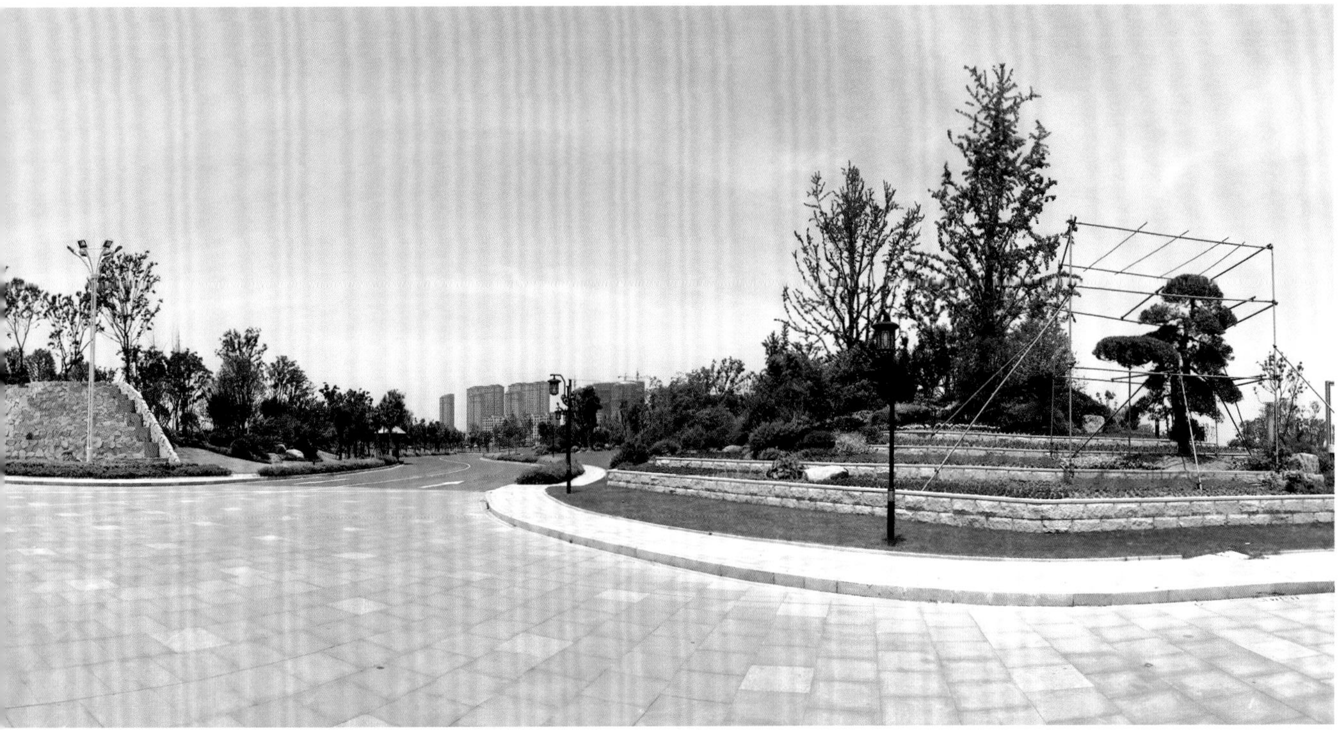

工程特点

工程主入口绿化主要包括入口广场两侧三角区绿化。合理的土方造型和苗木种植，达到了“群岛”的效果，观赏面绝佳。三角区绿化的大香樟、大银杏及造型苗布局合理，通过小乔木、灌木及地被植物进行烘托，突出主体。

两侧林荫道绿化重在地形的塑造，整体感觉缓急适当，跌宕起伏有序。苗木种植、景石点缀、灯具布置都恰到好处，达到白天与夜间效果的统一性。

吴江东太湖温泉度假酒店项目景观工程（二标段）工程有力地表现了酒店的宏伟气魄，庄重大方，整齐而不呆板，舒展而不张扬，古朴却富有活力，为进出的客人带来视觉上的享受，憧憬而来，满载而归。

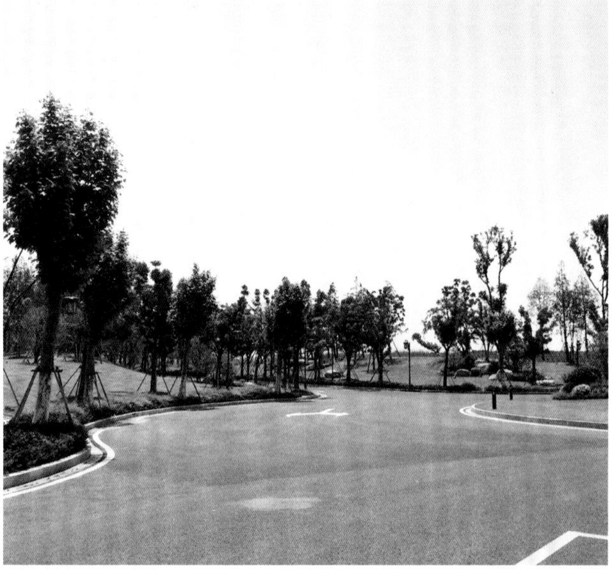

本项目获得 2014 年度浙江省“优秀园林工程”金奖

申报单位：杭州萧山园林集团有限公司
通讯地址：杭州市萧山区萧金路 308 号
邮政编码：311201
联系电话：0571—82677735

金
优秀园林工程

绿城·无锡玉兰花园 A-2 组团（一标段）景观工程

建设单位　无锡绿城房地产开发有限公司
设计单位　贝尔高林国际（香港）有限公司
施工单位　浙江绿苑市政园林建设股份有限公司
监理单位　无锡市园林建设监理有限公司
起止时间　2012 年 5 月 11 日至 2012 年 11 月 30 日
工程造价　3207.51 万元

工程概况

绿城·无锡玉兰花园 A-2 组团（一标段）景观工程位于江苏省无锡太湖新城，高浪路以南、关山路以北、立信大道以东、立德路以西，施工面积 40000 平方米，其中绿化面积 23000 平方米。工程内容主要包括硬质景观：土方回填与造型、园路基层与铺装、景观构筑物、景观小品、雕塑水景、景观给排水及景观照明等。绿化栽植主要乔木有香樟、广玉兰、银杏、朴树、榉树、香泡、金桂等，球类主要有大叶黄杨柱、红叶石楠柱、海桐球、红花檵木球、无刺枸骨球、金叶女贞球等，灌木（地被）类主要有红花檵木、红叶石楠、毛鹃、金叶女贞、金森女贞等。

工程特点

玉兰花园项目景观设计的理念是打造一个高品质的住宅社区环境，为小区住户塑造一种新的生活意识。住宅区的景观特色，区域性相结合的体现，文化气息的传递以及与现代化社会的有机融合是这一景观工程的关键。这一景观工程从全方位着眼考虑设计空间与自然空间的融合，不仅仅关注于平面的构图及功能分区，还注重于全方位的立体层次分布，进行高差的创造和空间的转换。平面构成线条流畅，从容大度，空间分布错落有致，变化丰富，无论平视还是鸟瞰，都能获得令人愉悦的立体视觉效果，追求人造环境与自然环境的密切结合，相互辉映，相得益彰。通过自然条件的改善，人文环境的设立以及绿化空间的形成等多元素交织和介入，实现绿色自然的人居环境，构建出一个意趣生动、内蕴丰富的人与自然及文化的多角度、多层次的交往空间和休憩场所。

玉兰花园的建筑规划布局主题采取组团式设计，对称式排列，景观设计风格体现出的是经典的对称式欧式园林，其独到之处在于中央景观公园及户外景观游泳池形成的中央景观轴线，呈对称式布局，在平面结构上，水景空间是由轴线串联的连续的景观空间序列。在轴线基本骨架的基础上，编织成主次分明的几何景观网络。竖向变化上在于景观的起伏和层次的变化。利用自然地势的坡度，将中轴线设计成高差变化丰富的竖向设计，但又成为一个基本统一、层次分明并充满秩序感的空间序列。每栋楼宇住户均可分享中央景观资源，并且楼宇之间也规划了组团式花园，为居民提供专享的园林景观。

本项目获得2014年度浙江省“优秀园林工程”金奖

申报单位：浙江绿苑市政园林建设股份有限公司
通讯地址：杭州市余杭区仁和街道潘家里17号
邮政编码：311107
联系电话：0571—88365173

金

优秀园林工程

无锡苏宁置业太湖新城住宅项目 D15 景观工程

建设单位　无锡苏宁置业有限公司

设计单位　南京长江都市建筑设计股份有限公司

施工单位　浙江易道景观工程有限公司

监理单位　江苏赛华建设监理有限公司

起止时间　2012 年 10 月 15 日至 2013 年 3 月 15 日

工程造价　1507 万元

工程概况

无锡苏宁置业太湖新城住宅项目 D15 景观工程位于江苏省无锡市南湖大道西侧、观山路北侧，毗邻太湖。景观面积 20000 平方米，其中绿化施工面积 10000 平方米。工程内容主要有硬质景观工程（园区内所有道路、停车场、景墙、水景、岗亭、种植池等），绿化景观工程（土方的翻运造型、改良、精整形，乔灌木、地被植物的采购、种植与养护），市政给排水工程（室外雨、废、污管网，检查井）。

工程特点

工程主入口设水景喷泉，两翼设置绿化台地强化入口，创造稳重典雅的气氛。后院以规整几何式种植和景观水景序列为居民提供一处景致独特的休息庭院。外围环境以香樟、银杏阵列式种植为特色，体现设计风格的同时也实现了与周边城市环境的融合，主入口以香樟列植两侧，营造仪仗迎宾的氛围，次入口以香樟和枫香组合阵列的形式配置，灌木主要选择杜鹃、红花檵木等，颜色和质感组合，修剪成规整的形态，与时令花卉结合，创造鲜明的门户环境。

学区 地铁 精装
30席
8989
8888

学区 地铁
30席
8989
8888

本项目获得 2014 年度浙江省“优秀园林工程”金奖

申报单位：浙江易道景观工程有限公司
通讯地址：绍兴市越城区迪荡湖路 68 号 17 层
邮政编码：312000
联系电话：0575—88125622

金

优秀园林工程

绿城·融创无锡蠡湖香樟园法式合院 1–2 区块景观工程

建设单位 无锡融创绿城湖滨置业有限公司

设计单位 北京绿城阁瑞建筑规划设计咨询有限公司

施工单位 浙江诚邦园林股份有限公司

监理单位 江苏园景工程设计咨询有限公司

起止时间 2012 年 9 月 5 日至 2013 年 1 月 16 日

工程造价 935.9 万元

工程概况

绿城·融创无锡蠡湖香樟园法式合院 1–2 区块景观工程位于江苏省无锡中南西路与鸿桥路交叉口。工程硬质铺装面积 4000 平方米，绿化面积 4800 平方米。工程主要内容包括绿化种植、硬质铺装、园林小品、门厅装面、电气工程、景观灯、给排水工程、土方开挖、种植土回填等。

工程特点

本工程沿袭了传统法式建筑风格，因此园林规模宏大而华丽。工程在园林水技巧上多用平静的水池、水渠，很少用瀑布、落水；在剪树植坛的边缘加上花卉镶边，并应用花卉、绣花式花坛丰富景观特色；将格栅构造的拱架覆在小径上，再配以攀缘植物形成绿廊。园中树木修剪为几何形或动物形状，煞是有趣。在疏密有致的乔木、灌木构成的空间背景下，以彩叶灌木、花灌木和多年生草本为主要植物，在路缘和重点地带，打造繁花似锦、色彩亮丽的花境景观，使之成为整个景观中的点睛之笔，顿生锦上添花之感。漫步于花木扶疏的蜿蜒小径，桃李芬芳，蝶飞莺舞，樱棠缤纷，鱼翔浅底。

工程引入多年生的植物进行配植理念，减少一年生的时花摆设，减少项目持续性投资及资源浪费。在植物栽植中，以“焦点、反复、对比、借景”为主要原则，并对施工质量提出了重点控制措施：土地整理；严格品种，杜绝病虫害；及时清除枯枝败叶，并按不同品种采用不同的修剪方式来进行养护。

本项目获得2014年度浙江省“优秀园林工程”金奖

申报单位：浙江诚邦园林股份有限公司
通讯地址：杭州市之江路599号
邮政编码：310008
联系电话：0571—87832006

尚贤河湿地三期、四期绿化景观工程7标段

建设单位　无锡市城市投资发展总公司

设计单位　无锡市市政设计研究院有限公司

施工单位　杭州西兴园林工程有限公司

监理单位　江苏安厦工程项目管理有限公司

起止时间　2010年9月15日至2013年10月31日

工程造价　2119.76万元

工程概况

尚贤河湿地三期、四期绿化景观工程7标段位于江苏省无锡市，南以具区路，东以尚贤东路，西以丰润道，北以新开河道为界。施工面积65000平方米。绿化种植常规乔木38个品种，共3047株；灌木27个品种，共4334株；色块及地被植物36个品种，25000平方米；时花1000平方米；水生植物8个品种，8000平方米；草坪17000平方米。施工内容主要包括绿化工程、景观工程、园区道路工程、园区桥梁工程等。

工程特点

本项目体现了山水结合，以人为本，生态为本的设计理念。公园内四季有景、四季常绿、四季有花，是城市居民休闲、娱乐、观景、健身的理想乐园，是一座典型的城市生态湿地公园。

工程执行节约型园林要求和适地适树原则，表现自然、生态、环保、可持续发展等理念，突出园林绿化的地方特色。在无点缀种植大规格乔木的前提下，通过合理的植物配置，自然、充分地表现植物的多样性，创造优美舒适、经济节约的园林空间，将较丰富的常绿乔木、落叶乔木、灌木、地被植物、草坪、水生植物进行合理搭配，形成错落有致、疏密有致、稳定的复合型植物生态群落。以乡土树种为主，科学合理配置树种比例，突出地方文化特色，既符合美学规律又充分发挥植物原生态、纯天然的魅力，充分表现了江南水乡的生态风貌。同时合理运用新技术、新工艺、新材料、新方法，为本地区建设生态、环保、低碳、节约型园林提供了良好的范本。为广大市民提供了休闲观光、生态养生、亲近自然的优美场所。

本项目获得 2014 年度浙江省“优秀园林工程”金奖

申报单位：杭州西兴园林工程有限公司
通讯地址：杭州市滨江区江南大道 518 号兴耀大厦 8 楼
邮政编码：310052
联系电话：0571—86689667

通宁大道景观带绿化工程（第三批）E 标段

建设单位　南通市园林绿化管理处
设计单位　上海锦展园林设计工程有限公司
施工单位　浙江天堂市政景观工程有限公司
监理单位　南通中房工程建设监理有限公司
起止时间　2013 年 3 月 10 日至 2013 年 6 月 30 日
工程造价　1722.15 万元

工程概况

通宁大道景观带绿化工程（第三批）E 标段位于江苏省南通市通宁大道西侧，北起新华路，南至永洽路南侧，总面积 127100 平方米，施工主要内容为绿化种植、回路、市政人行道、园林小品等。其中绿化种植品种多样，如桂花、朴树、紫薇、香樟、早樱、白玉兰、广玉兰、水杉等。

工程特点

通宁大道两侧绿化景观建设是南通市的重点城建项目，项目建成后，道路两侧的视野变得十分开阔，令人赏心悦目。工程在设计施工之初就考虑到驾乘人员的视觉效果，整个绿化景观的设计以简洁为主，又具有很强的层次感。枝干形状独特的树木都在角落位置以展示全貌，而像紫薇这种枝干形状单一、花朵细小的树木则分片种植，呈现出花海的效果。整个绿化带沿线还设计了 2 米宽的慢行步道，这种红色混凝土浇筑的步道在南通的绿地建设中也是首次尝试。目前，通宁大道东侧正在建设幸福镇的拆迁安置小区，而作为城北大道东延的福西路正在进行拓宽改造，以后的通宁大道将成为一条城市主干路。

家具

本项目获得2014年度浙江省“优秀园林工程”金奖

申报单位：浙江天堂市政景观工程有限公司
通讯地址：杭州市西湖区转塘贤家庄141号
邮政编码：310024
联系电话：0571—56101007

靖江中天城市景园二期景观绿化工程

建设单位　靖江中天置业有限公司
设计单位　杭州蓝天园林设计院有限公司
施工单位　杭州蓝天园林建设有限公司
监理单位　江苏省建源监理有限公司
起止时间　2012年9月25日至2013年4月30日
工程造价　1657.85万元

工程概况

靖江中天城市景园二期景观绿化工程位于江苏省靖江市人民路与阳光大道交汇处，绿化面积16000平方米。工程主要内容包括园林小品、景墙、园林道路、铺装、水景以及给排水工程等。

工程特点

中天城市景园重拾中式住宅设计，重视院落的生活传统，采用多重院落设计。前庭—中庭—后院，大户人家，多重景观。作为独立庭院空间的一部分，中庭设计犹如归途中的一程风景。中天城市景园排屋区一如既往地呈现户户独门独院的空间格局，多重庭院相连，建筑与庭院相融合，创造出建筑与庭院和谐的完美比例。

园区凭借现代新型时尚靓丽的建筑风貌和建筑布置形式，被定位为新型住宅聚落，景观设计注重塑造小区的新时代气息、新景观形象、新功能特色、新环境特点，着力打造“时代、宜居”精品住宅，开创靖江当地住宅园区绿化景观建设的先河，建设一处置业环境景观的样板和典范，希望以此铸就园林景观与建筑风格相结合，人文与生态相结合的标杆。

本工程景观设计采用园林植物构建环境空间，结合街区景观风貌与园区空间特点，做好园区与街区景观的协调统一，着力建设一处完整的层次丰富的景观体系；竭力做好园区公共活动空间及其空间组合，构筑一道特色鲜明的景观绿轴；做好小区组团之间的相互呼应，组团内自成体系，以期达到统一中有变化，变化中有统一的园林景观效果。

组团内充分运用现代园林景观元素，建造集休闲娱乐、观赏游乐及独特庭院景色等为一体的多种功能空间，设计既协调了园区环境与大尺度空间的环境氛围，又恰到好处地协调了别墅景区与高层景区之间的过渡关系，从而克服了单调、呆板、粗糙的建筑空间环境，改变了过于刚性冷漠的高层建筑环境氛围，使小区景观与区内建筑之间有一个符号上的呼应。

小区整体景观与单元景观的协调融合，彰显了园区个性，充分满足了小区居民对环境的自然性、休闲性、实用性及家园性的需求，使园区自公共空间进入半公共空间，再到入院住宅的私密空间之间有一个渐进变化的自然过渡，顺理成章地渐入佳境，让小区住户有似曾相识的回家认同感。

小区主入口的开口呈喇叭状，设计为自然绿茵地，开门见山地展现城市森林这一主题。道路曲线两侧，沿弧线自外向内种植麦冬、红花檵木、千层金、杜鹃等地被植物，其间有规律地点缀海桐球、黄花槐、美人梅、黄杨等花灌木构成一道向内弯曲的弧形画面，以显示强烈的凝聚力，从而提高了绿地的层次感。

沿建筑周边因地制宜地种植了竹类、香樟、广玉兰、银杏及南天竹、八角金盘、海桐、黄杨、金叶女贞、红花檵木、月季等，让绿化的色彩弥补建筑的单调，起到软化建筑硬角的作用。

各组团内地势高差错落，工程利用现有挡墙设计为景墙，或绘画、或浮雕、或披挂绿色植物等等。空间较大的组团绿地采用乔木、灌木、地被植物组合的形式，将不同的花灌木、乔木、地被植物引入建筑的不同单元，以不同的植物种类和造型连接住户单元，让不同的住户感受到单元入口的景观效应，增强可识别性。以最大的个性化设计导入住户大门，让居民感受回家的温馨。做到组团内有景观特色，单元间有特点，户户享有绿化，人人享有绿色的均衡的景观效果。

L18-L20北门
L21-L25南门

本项目获得2014年度浙江省“优秀园林工程”金奖

申报单位：杭州蓝天园林建设有限公司
通讯地址：杭州市西斗门路7号对面中天MCC一号楼9楼
邮政编码：310012
联系电话：0571—86772868

江阴爱家名邸多层区项目景观绿化工程

建设单位　江阴爱家房地产实业有限公司

设计单位　上海捷奥国际设计顾问有限公司

施工单位　浙江天地园林工程有限公司

监理单位　江苏宏达建设咨询有限公司

起止时间　2011 年 11 月 1 日至 2012 年 5 月 20 日

工程造价　1550 万元

工程概况

江阴爱家名邸多层区项目景观绿化工程位于江苏省江阴市敔山湾开发区，工程面积 25000 平方米。景观工程包括土建铺装、小品制作及安装、市政管线及绿化种植，其中土建铺装主要包括主入口水景制作、树池花坛制作、中心水系及各宅前道路花岗岩铺装、消防通道铺装、地下车库入口贴面及花架安装、沥青道路施工；绿化种植主要为甲方供苗木种植，包括广玉兰、合欢、乐昌含笑、杜英、金丝垂柳、桂花、石榴、垂丝海棠、马褂木等乔木种植及栀子花、红花檵木、杜鹃、伞房决明、金叶女贞、金边黄杨、红叶石楠、茶梅、六月雪、桃叶珊瑚、八角金盘等灌木种植，草皮为百慕大混播黑麦草；景观安装工程包括景观高灯、矮灯、地埋灯、射树灯、涌泉等安装。

工程特点

小区内的植物配置高低错落、疏密有致、四季有花、红绿相映，别具一格。园林建筑小品施工精巧、做工精细，应用石材较多，水景、喷泉、小品、景墙、凉亭等与植物景观相结合，自然、亲切。主入口两排香樟竖立在主广场花坛两侧，更显气派，本工程为居住区项目景观，所以每户景观各有千秋，充分考虑到感官效果，使人仿佛置身于艺术的殿堂，欣赏不同风格的景色。

名邸
有一种想念叫回家，
世界上通往成功的路，千万条
而回家的路只有一条。
我总是自然而然的
走上回家的路。

名邸
请勿践踏

本项目获得 2014 年度浙江省“优秀园林工程”金奖

申报单位：浙江天地园林工程有限公司
通讯地址：杭州市天成路白云大厦 2 幢 9 楼
邮政编码：310004
联系电话：0571—85191733

虎豹·郡王府六期园林景观工程

建设单位　江苏虎豹房地产开发有限公司
设计单位　杭州原田华建筑景观创意咨询有限公司
施工单位　浙江普天园林建筑发展有限公司
监理单位　扬州市建苑工程监理有限责任公司
起止时间　2012年10月20日至2013年4月20日
工程造价　4413.03万元

工程概况

虎豹·郡王府六期园林景观工程位于江苏省扬州市邗江区西外环路与京华城路交汇处，工程绿化面积42000平方米。工程范围包括硬景（各种硬质结构、铺装、园林道路、景亭、景观小品等）、软景及相关配套工程（所有园林给排水系统、电气照明系统、灌溉系统）的施工及养护工作。

工程特点

本工程设计从整体环境景观入手，寻求生态、游憩、休闲和居住结合的新型居住模式，遵循尊重自然、保护生态的原则。设计上满怀对自然的崇敬之心。在设计风格上，根据汉唐时期的建筑风格，迎合了建筑外立面朴实、简约、长久的特点。园林内容丰富，脉络清晰，从环境特征、空间特征、性格特征、艺术特征等各个方面进行分析比较，都可以堪称是典型的富有中国自然山水园林特征的城市宅园。造园手法运用了筑山、置石、理水、构筑、植树、种花、点色、铺草、引鸟等，造景更是运用了借景、对景、漏景、窗景、隔景、排比、对比、重复、独处、呼应、对应等手法。园林理水组景构思巧妙，筑台借景等方面皆匠心独运，更重要的是构景寓意深刻，寄托了诗意般的情怀。园区充分利用有限的空间，合理分割，利用山体和葱郁茂盛的花木对视线的阻隔，把园区划分成几个氛围不同的空间。运用隔景、借景、点景等手法，改变开阔平远的空间景象，减小水面的宽度，营造深溪沟壑，曲折连绵，崎岖石路，似阻而通，峥嵘涧道，盘迂复直的景观效果。堆山与叠石的结合就更让人赞叹，置石、叠石不多，但却寓意殊异，皆置于岸边、路边、坡上，或卧或躺，高林巨树。通过运用优美的堆坡造型、美妙的空间划分、自然的瀑布溪流、柔美的草坪空间和草坪边缘、别致的小品等营造柔和、内敛、尊贵的生活氛围。圆顺饱满，富有动感和节奏的弧形色块苗木，尤其能展现园林作品的独具匠心之处。大草坪边缘大弧线，隐形消防通道上铺设弧形园路，再配置弧形地形和小灌木色块，大气的流水线尽显皇家的豪气与霸气，体现感性、理性、知性的结合。植物的季相变化在这里也展现得淋漓尽致，春花、夏绿、秋实、冬傲表现得更加透彻。道路、水系与植物、小品的结合，极大地丰富了社区的空间层次感，营造出四季有景、冬季常青的景象。一草一木、一墙一角都散发着人们对于生活的积极态度。

本项目获得2014年度浙江省“优秀园林工程”金奖

申报单位：浙江普天园林建筑发展有限公司
通讯地址：杭州市下城区石桥路279号经纬国际创意产业园3号楼B座
邮政编码：310022
联系电话：0571—88828388

金
优秀园林工程

绿城·胶州紫薇广场风华苑北区室外景观工程

建设单位　青岛绿城胶州湾房地产开发有限公司
设计单位　青岛绿城建筑设计有限公司
施工单位　浙江三叶园林建设有限公司
起止时间　2013年8月25日至2013年12月26日
工程造价　1057.5万元

工程概况

绿城·胶州紫薇广场风华苑北区室外景观工程位于山东省胶州市海口区的核心位置，是胶州市最核心的地段，地理位置优越，北靠云溪河，南临胶州市委、市政府，紧邻三里河公园和胶州市三大中心，即会展中心、文化中心和体育中心。项目景观工程总面积23500平方米（含外围）。其中，绿化面积15950平方米，土建面积7550平方米。主要景观工程施工内容包括景观施工图纸范围内的园区道路及面层、基层铺装，消防环路、挡墙、花坛、景墙、花架基础、水景、泳池、树池等园林小品，中心绿地、室外平台、场地整平、废土外运（包括垃圾清理）、竣工清理、成品保护（道路覆盖彩条布或薄膜、无纺布等）等工程建设。

工程特点

本工程硬质景观部分从基础工程开始，始终拥有质量意识，铺装广场以不规则放射状、扇形和复杂形拼花为主，台阶则考虑平面、立面、侧面的铺贴，使其与雕塑、花钵、木廊架、木景亭、泳池、树池等小品形成具有浓情风味的自然生态景观。

在项目的植物配置上，主要选用的植物品种有山玉兰、紫玉兰、山杏、樱花、海棠、紫薇、美国红枫、红叶李、石楠、冬青、杜鹃、八仙花、女贞等各种乔木、灌木为配景。地被植物为花叶络石、常绿草坪等。做到常绿、落叶相结合，大乔木、灌木、草本相结合，乡土树种与外引品种相结合，整个小区植物配置自然，层次丰富，具有提升绿化的景观效果。

本项目获得2014年度浙江省“优秀园林丄程”金奖

申报单位：浙江三叶园林建设有限公司
通讯地址：绍兴市上虞区百官工业园区
邮政编码：312300
联系电话：0575—82120348

金
优秀园林工程

海信天玺项目景观绿化工程

建设单位　青岛海信房地产股份有限公司
设计单位　日本造园设计株式会社
施工单位　浙江滕头园林股份有限公司
起止时间　2012 年 5 月 1 日至 2012 年 10 月 31 日
工程造价　603 万元

工程概况

海信天玺坐落于山东省青岛市崂山区东海东路 1 号，地理位置得天独厚，既远离城市的喧嚣，拥有优质的海景、山景资源，同时又能享受城市的配套服务。其最高楼 36 号楼 140 米的高度为崂山区住宅区最高楼，总面积占地 37000 平方米，其中绿地面积 15000 平方米。工程内容主要包括种植土回填，地形塑造，乔木灌木、地被植物、草坪栽植及养护管理等。

工程特点

景观在设计上采用了日式园林风格，整体效果清新、幽雅，让人有一种回归自然的感觉。景观绿化部分共计栽植乔木、灌木 1200 株，栽植地被植物 4000 平方米，草坪 11000 平方米。在植物栽植上，采用了片植与孤植的完美结合，选择树型优美的树进行孤植。苗木按规范要求种植和修剪，草坪及地被丰富，很好的体现空间感和层次感。项目秉承天玺景观日式园林的自然清新，打造出了完美天玺，完美景观。

本项目获得2014年度浙江省“优秀园林工程”金奖

申报单位：浙江滕头园林股份有限公司
通讯地址：宁波市鄞州区天银路55号俊鸿嘉瑞大厦6—8F
邮政编码：315100
联系电话：0574—89017888

金

优秀园林工程

21 支渠改造工程

建设单位　四川省什邡市城市建设投资公司

设计单位　四川农大风景园林设计研究有限责任公司

施工单位　四川意莱特建筑设计有限公司

监理单位　浙江跃龙园林建设有限公司

起止时间　四川青禾建设工程管理有限公司

工程造价　2012 年 2 月 18 日至 2013 年 2 月 28 日

　　　　　2598.8326 万元

工程概况

21 支渠改造工程位于四川省什邡市 21 支渠德什公路以南，沿雍城东路向南绵延 1.3 千米。工程占地面积 112530 平方米，实际总面积 94200 平方米，其中绿化面积 49175 平方米，道路铺装 16663 平方米，主渠道面积 19059 平方米，农耕渠 874.46 米，茶棚（5 幢）面积 570 平方米，景观桥 3 座，橡胶坝 7 座，种植乔木、灌木 6705 株，色块地被植物 39500 平方米，草皮 25220 平方米，回填种植土 51604 平方米。工程内容包括综合服务厅、草亭、栈桥等景观建筑群，道路、路政设施、单体建筑、绿化及配套设施等项目。

工程特点

本工程以绿化为重点，营造景观绿化特色。植物配置上乔木、灌木、草坪合理搭配，充分运用色叶树种并兼顾四季景观。植物或散植、或丛植、或孤植、或片植、或混植等，且大量运用花境植物，将花境植物群落配置点缀于景石、小品周边，让人有回归自然的感觉。

硬质景观施工精细，与植物景观浑然一体。广场及园路大量运用弧线、异形铺装，线条流畅，铺装均匀，体现了现代、简洁的铺装风格；铺装的色泽大都与植物的颜色相互辉映，具有很强的视觉效果；植物景观与硬质景观协调一致，体现了“人文—生态—自然”的设计理念。

水系景观清新写意，动感灵气。水系景观是本工程的灵魂和命脉所在，贯穿整个工程。水溪沿岸用块石砌筑做成围护，沿岸线条弯曲流畅，与岸边道路景观衔接自然。岸边时而用景石点缀成景，时而配植千屈菜、水生鸢尾等植物，时而搭设亲水平台或景观桥，营造了丰富多变的景观空间效果，不仅增加了水系景观的生动性和灵气，同时也增加了人与自然的亲和性，体现“以人为本”的理念。

本项目获得2014年度浙江省“优秀园林工程”金奖

申报单位：浙江跃龙园林建设有限公司
通讯地址：宁海县桃源街道兴工二路199号
邮政编码：315600
联系电话：0574—65588476

金
优秀园林工程

泰达广场A区、B区及泰达中央广场项目屋面及周边景观专业承包工程

建设单位　天津泰达发展有限公司
设计单位　日本设计株式会社天津市建筑设计院
施工单位　杭州中艺园林工程有限公司
监理单位　天津开发区泰达国际咨询监理有限公司
起止时间　2011年10月20日至2012年3月31日
工程造价　5850.08万元

工程概况

泰达广场A区、B区及泰达中央广场项目屋面及周边景观专业承包工程位于天津市滨海新区天津经济技术开发区核心区域，工程绿化总面积46200平方米，其中屋顶绿化面积20000平方米。施工内容主要包括土方回填、屋顶花园、时花、水系、园路、铺装、景观小品、广场绿化等，为一个综合性广场景观绿化工程。绿化部分种植落叶乔木及亚乔木共计1300株，其中包括雪松、北京栾、白蜡、杜仲、晚樱、碧桃等；种植金森女贞、大叶黄杨、沙地柏、小龙柏、紫荆、粉花绣线菊、金鸡菊、北京夏菊、金边黄杨等灌木15300平方米。土建部分包括A区、B区下沉广场、屋顶圆形花园、散步道、幕墙、木平台、楼梯铺设、景观墙、水系小品等。

工程特点

本工程屋顶绿化面积有20000平方米，由于屋顶负载量的限制，土层厚度有限，屋顶绿化的种植土采用轻型基质材料。再加上屋顶一般较高，风力较大，所以乔木的抗风能力明显弱于地面上。此外，由于存在屋顶土层薄、水分少、植物生长环境差等不利因素，本工程对较大乔木的种植采用了专利技术——树木环保隐形支撑装置，此工法被评为2012年浙江省省级工法。

工程通过地形改造，力求土坡造型大气、线条融合、起伏自然，施工时准确地把握好每处坡面垂直走向和水平走向，创造出自然舒缓的坡形、起伏不一的高差美感。草坪网的应用及在园路与坡底处种植灌木，阻挡了水土流失到园路上来。

工程采取严谨认真的态度，在各规则或弧形地面铺装上均表现得一丝不苟，缝隙均匀、通直，面层平整坚实，道路线形流畅自如，地雕接缝圆滑，拼接工艺精细；各类小品的施工精细整洁，针对工程中较难处理的一些工艺做了节点处理，如园路铺装与绿化结合处，采用草皮铺设，防止土壤直接裸露，使铺装与景观完美融合。

MSD – B2

本项目获得2014年度浙江省“优秀园林工程”金奖

申报单位：杭州中艺园林工程有限公司
通讯地址：杭州市江干区九堡镇九盛路9号
邮政编码：310019
联系电话：0571—86944401

桂花路都市公园带建设工程

建设单位　深圳市福田区城市管理局
设计单位　广西华蓝设计（集团）有限公司
施工单位　杭州市园林绿化股份有限公司
监理单位　万宇国际工程咨询（北京）有限公司
起止时间　2011 年 5 月 19 日至 2011 年 9 月 12 日
工程造价　3558.29 万元

工程概况

桂花路都市公园带建设工程位于广东省深圳市福田保税区，绿化恢复总面积 100000 平方米，种植乔木、竹子共计 22414 株，全部采用全冠苗种植，灌木共计种植 9500 株，地被植物种植 37550 平方米。工程内容包括种植土回填、绿化种植工程、绿化给水工程等。

工程特点

本工程桂花路作为主干道之一，其宽阔的道路绿带颇具地方特色，具有独特的风格。植物搭配合理，色彩鲜明，富于变化。中央分车绿带以绿色为基调，列植苏铁、大红花球，点植银边龙舌兰，并用黄连翘绿篱围合。道路分车绿带则片植尖叶杜英、美丽异木棉、鱼尾葵等，中层以翅荚决明、金凤花等点缀，下层嵌以色叶灌木、花灌木，充分体现植物层次与色彩的变化。草坪和低矮的灌木、草花的结合运用，既起到了防护隔离、美化道路空间的作用，又保证了良好的交通视线。行道树多用常绿乔木，如尖叶杜英，路旁绿地边缘片植红花夹竹桃、红花羊蹄甲等作背景，下层列植尖叶木樨榄等常绿灌木，形成繁花似锦的热烈景观。

桂花路的植物配置无论是园林植物种类还是植物量都比较丰富，并且养护水平较高，植物生长优良并且绿化带的跨度较宽，占地面积也较大。其中，中央分车绿带采用规则式设计，利用黄金榕、假连翘、美人蕉、红桑、红草等开花及色叶植物，组合成规则混栽花坛或单种类花坛，以长方形、圆形或菱形相间重复出现，配合灌木花坛的整形修剪，形成一道规则的彩带，镶在油亮的草坪上，与整齐划一的道路、路灯相对应，充满韵律节奏之美。

分车绿带和道旁绿地边上均分段列植尖叶杜英、细叶榄仁、麻楝、小叶榕等乔木，绿地中采用色叶灌木、花叶灌木或草花大面积片植，并修剪整形，形成色彩、高低对比鲜明的色块图案，并在构图的焦点位置丛植大王椰子、蒲葵、散尾葵等棕榈科植物，形成竖向的植物变化。部分道路绿化隔离带采用“乔—草”两层结构，视线通透，与周边现代化的商厦相衬托，更给人简洁大方的时代气息。

深圳城市道路园林绿化，不但强调视觉景观的丰富美感，还充分考虑到相关的生态和经济效益。道路绿化带主要应用乔、灌、花、草形成多层次、高密度的植被群落进行隔声吸尘；人行道绿带形成了较为舒适的步行氛围。工程对部分道路逐步开展相关的道路植物景观改造，并实施了效果显著的立体绿化。在城市建成了一般人视线所及范围的公共空间都能看见绿色的要求。宽阔而美丽的城市道路绿带网与公园、居住区绿地等有机地连为一体，使深圳显现出浓郁的亚热带海滨花园城市气息。

本项目获得2014年度浙江省“优秀园林工程”金奖

申报单位：杭州市园林绿化股份有限公司
通讯地址：杭州市凯旋路226号6楼-8楼
邮政编码：310020
联系电话：0571—86095666

金

优秀园林工程

洛阳东山宾馆室外园林景观提升及仿古建筑工程

建设单位　洛阳东山宾馆

设计单位　杭州人文园林设计有限公司

施工单位　浙江人文园林有限公司

监理单位　河南省城市规划设计研究总院有限公司

起止时间　2013 年 12 月 15 日至 2014 年 4 月 9 日

工程造价　3500 万元

工程概况

洛阳东山宾馆室外园林景观提升及仿古建筑工程位于河南省洛阳市的世界文化遗产龙门石窟风景区内，与国际闻名的龙门石窟依水相望，是洛阳东山宾馆开发的重点园林景观提升及仿古建筑工程。主要内容包括苗木种植、沥青道路铺设、石作工程及铺装工程、仿古建筑等内容。总面积 20000 平方米，其中硬质景观面积 7000 平方米，主要有牌坊、长廊、水榭、园路基层及面层铺装、池塘水景、花坛、景石假山堆塑、室外木作、挡土墙等；绿化面积 13000 平方米，包括土方造型堆坡、种植土短驳及改良，乔木、灌木、地被植物种植（移栽），草坪铺设、灌溉及养护。

工程特点

项目地势蜿蜒而上，设计理念为较典型的仿古中式园林布置，采取非常经典的牌坊等古建筑，利用湖石假山造景，以花岗岩铺地，创造了传统与现代相契合的精心绿化配置，显示出既不失中国古典园林风貌，又具有现代新优植物、草花相映成趣的新型风景园林景观。

造园者根据现场自然山体地势，在保留原有部分大中乔木的过程中，细致到每一根树干、枝条，使之进深合理，空间错落有致。无论是墙角、水滨、亭边那些画龙点睛的大中乔木，还是石畔、路侧、阶前的灌木地被，再加上牌坊、亭廊、栏杆、树池等小品，均精心制作，工艺精细，比例适度，感官舒适，体现了造园者精心选择、细致配置的一番苦心和高超的施工技艺。园林设置位置、尺度比例均和周围环境契合，令人舒适，自然协调，浑然天成。

本项目获得2014年度浙江省“优秀园林工程”金奖

申报单位：浙江人文园林有限公司
通讯地址：杭州市西湖区天目山路223号
邮政编码：310013
联系电话：0571—86772111

金
优秀园林工程

湘潭市万楼重建及景区工程——万楼主楼工程

建设单位　湘潭市万楼新城开发建设投资有限公司
设计单位　湖南省建筑设计院
施工单位　绍兴市园林建设有限公司
监理单位　湘潭市宏达建设监理有限公司
起止时间　2011 年 6 月 5 日至 2013 年 9 月 16 日
工程造价　3049.52 万元

工程概况

万楼主楼工程位于湖南省湘潭市雨湖区护潭乡文昌村原万楼遗址，占地面积 17095 平方米，总建筑面积 16168 平方米。本工程地上有九层，明五暗四寓意为九五之尊，地下两层，建筑高度 63 米，为仿清楼阁式建筑，框架剪力墙结构。

工程特点

该工程为结构复杂的高层仿古建筑，建筑结构的安全等级为一级，主体结构设计耐久性年限为100年，本工程建筑物耐火等级为一级，建筑抗震设防烈度为6度。

该工程建筑风格为仿清楼阁式建筑，斗拱采用木斗拱，按清《营造则例》的官式作法，主楼一、三、五、七层为七踩斗拱，九层为九踩斗拱，副楼为五踩斗拱。整个工程设斗拱842座，耗材495立方米，工程体量庞大，重台耸构，巍峨壮观。

建筑屋面为金黄色琉璃瓦屋面，正脊、垂脊、戗脊、围脊、檐口为青灰色，轮廓线颜色分明。主楼一层起角八只，三层、五层起角十二只，七层起角十只，九层起角六只，每个翘角安走兽九只，风铃一个。顶层屋面分高低两道平脊，八坡水屋面。整个工程瓦垄均匀顺直，绕度流畅。戗角、脊、龙吻按图纸要求在江苏宜兴老窖定制而成。

建筑构架部分的斗拱、栏杆、门窗、挂落、美人坐靠等部位，所采用的油漆为防脱落暗红色仿古油漆。外墙所采用的浅灰色外墙涂料，特显古朴庄重。

室内装修部分的吊顶为井口天花，并设清式彩绘。一层中间设三个藻井。中为七跳八角斗拱，两边为四角弯弧卷棚形。九层设圆形二十座十六跳45度旋转形藻井。其他各层顶板采用各式图案的大型木雕板。每层顶棚形态各异，各有特色，为整幢楼室内增添了色彩。

工程出檐部分先做仿古木基层，并直接做底模，每根椽子用三枚五寸钉外露三分之一，与现浇屋面相连。这样木基层就整体固定在现浇屋面下，既省了人工，又省了模板，外观与传统木结构一致。

本项目获得 2014 年度浙江省“优秀园林工程”金奖

申报单位：绍兴市园林建设有限公司
通讯地址：新昌县西镇南路 108 号
邮政编码：312500
联系电话：0575—86508861

结语

万楼主楼建设项目是湘潭市城市建设的标志性建设工程，其高度、体量及总体规模，在全国仿古建设项目中也是屈指可数、名列前茅的景点工程之一。该工程先后获 2012 年度湖南省建筑施工安全质量标准化示范工地和湘潭市优质工程奖。工程竣工后，湘潭市市委、市政府、市人大常委会等各级领导层，建设单位及相关专家都对工程给予了高度评价。工程获得了社会各界的普遍好评与肯定，取得了良好的社会效益，被誉为“湘江第一楼”。

金
优秀园林工程

怡佳·天一城项目一期社区活动中心南部景观工程施工

建设单位　山西荣佳森和房地产开发有限公司
设计单位　太原市建筑设计研究院
施工单位　杭州华东市政园林工程有限公司
监理单位　山西协诚建设工程项目管理有限公司
起止时间　2013年4月1日至2013年7月30日
工程造价　1250万

工程概况

怡佳·天一城项目一期社区活动中心南部景观工程位于山西省太原市晋阳文化生态区，新晋祠路以东，北侧为在建中的冶峪南街，西侧为在建中的山西省广播电视中心，东侧紧邻城市干道滨河西路，交通十分便利；项目东临汾河景观带，西近晋阳湖，双水景社区，环境优美，居住环境适宜，天一而生水。项目占地300000平方米，总建筑面积1610000平方米，是一座集高端住宅、国际酒店、顶级商务写字楼、休闲百货、商业步行街为一体的城市综合体。项目坚持“产城一体化”的开发思路，努力打造“中小企业总部基地”和“餐饮酒吧一条街”，建成后将实现居住、办公、生活一体化社区，成为龙城首座270度环水人文宜居的社区典范，同时也是太原高端综合体项目的标杆。本标段施工面积13000平方米。主要施工内容包括活动中心会所前广场道路、中心水景、雕塑、停车位植草砖、巴西金麻花岗岩条石坐凳、立柱及混凝土基础、东西侧商业街饰面铺装工程、机电及绿化工程等。

工程特点

本工程依靠整体规划，科学地解决了建筑朝向与湖景、河景的矛盾，最大化地利用了汾河景观与晋阳湖景观，保证了更多的住户拥有最佳的观景区域。同时在园林景观的设计上，以山水地貌为基础，以植物为装点，营造出具有“绿树成荫，花木扶疏，鸟语花香，缓坡清流”的自然风格的园林景观，与周围优美的自然景观资源巧妙地融合在一起。

工程在种植苗木时采用了乔木与灌木相结合的方式，选用植物有白蜡、白玉兰、北京丁香、碧桃、垂柳、棣棠、银杏、合欢、国槐、梨树、枣树、皂荚、元宝枫、胶东卫矛、金银木、黄杨球、荷兰菊、金叶女贞、日本晚樱、山楂、多头茶条槭等，通过对各个层次进行空间分割及联系，使空间更具有自然的节奏。合理运用色块，通过艺术手法使植物充分发挥自身的形体、线条、色彩等自然美，创造不同季相的景观，与周围的建筑物相结合且最大限度地吸引了人们的眼球。

工程中跌水池、喷泉池、水景池较多，色样各异。园内铺装花色搭配，铺贴花样多变，做到了一景多样的图案，为了达到景观效果，大部分石材的尺寸规格都是小规格，与花木相得益彰，突显高贵奢华的品质。

本项目获得 2014 年度浙江省“优秀园林工程”金奖

申报单位：杭州华东市政园林工程有限公司
通讯地址：杭州市古运路 85 号古运大厦 7 楼
邮政编码：310011
联系电话：0571—28920111

金

优秀园林工程

玉环楚门华龙时代广场景观工程

建设单位　台州华龙房地产开发有限公司

设计单位　浙江红欣园林艺术有限公司

施工单位　浙江绿色园林市政有限公司

监理单位　浙江中远工程建设监理有限公司

起止时间　2013 年 3 月 15 日至 2013 年 11 月 5 日

工程造价　682.56 万元

工程概况

楚门华龙时代广场小区位于玉环县楚门镇环保路与76省道转角处，紧临楚门镇人民政府广场，小区总用地面积29000平方米。玉环楚门华龙时代广场景观工程为综合性园林工程，绿化建设面积15860平方米。工程建设项目包括种植土回填、广场园路铺装、水系结构、园林建筑小品、绿化苗木采购及种植等。

工程特点

本工程是展示楚门华龙时代广场高品质休闲住宅小区的重要窗口，小区以生态、阳光、休闲为建设主题，通过水系、孤岛、景石、亲水平台、小桥、亭廊、雕塑小品、乡土树种与南方树种的配置以及丰富的地被及水生植物，营造出空间层次丰富、景观细腻、可观可游的高品质休闲小区。

大体量、开阔的中心花园——尽显生态、大气的品质。小区主次入口均面对大体量、开阔的中心花园，面积有 2500 平方米，突出中心花园地形地貌的营造，立足生态、体现自然。植物配置以乡土树种为主，如香樟、杜英、桂花，红、白玉兰等，运用花灌木如紫薇、樱花、茶花、梅花、杜鹃、茶梅等，再配置红枫、枫香、鸡爪槭、马褂木等色叶树种，让整个中心花园四季变化、色彩丰富、生态自然。环形游步道随地形起伏贯穿于花园中间，让各花架、亭廊、小品、平台有机地组合，漫步其间移步换景，让人心旷神怡。

生态水溪——动感、灵气。1200 平方米的淙淙水溪顺着中心花园的坡脚自东向西横跨半个花园，水溪沿岸用桐庐山野毛石自然堆砌而成，或两三块深入水系或三五块成群延伸到绿地山坡中，错落有致、妙趣横生，与周边植物相映成趣。清晨或傍晚时园区会启动喷雾系统，朦胧的水雾层层泛起，漂浮于开阔的水面和自然的山坡之间，宛若仙境。

丰富的植物配置——自然而富于变化。根据当地的气候条件，工程因地制宜选择了合适的植物种类，造就各景区的不同时序景观。植物景观之所以引人入胜，主要在于建设中顺应了自然规律，始终以当地自然群落的生长规律来指导绿化。突出了乔木、灌木、草本、地被各层植物均成片栽植，气势较大，符合园林中没有量就没有美的规律；充分运用丰富多彩的乡土资源，以植物结合地形起伏来分隔空间，让园林景观更趋自然，在植物空间中配置多种植物景观，如孤立树、树丛、树群、树坛，各类型的草花及宿根、球根花卉等；植物造景的艺术性运用高超，景点立意、意境深远，季相色彩丰富，景观饱满，轮廓线变化有致，景观生态自然。

本项目获得2014年度浙江省“优秀园林工程”金奖

申报单位：浙江绿色园林市政有限公司
通讯地址：玉环县黄泥坎隧道口
邮政编码：317600
联系电话：0576—87299168

温州市城市中心区南入口广场（一期）景观绿化工程

建设单位　温州市城乡建设投资有限公司
设计单位　泛华建设集团有限公司
施工单位　浙江怡园环境建设有限公司
监理单位　温州浙南建设监理有限公司
起止时间　2012 年 9 月 25 日至 2014 年 4 月 10 日
工程造价　1837.03 万元

工程概况

温州市城市中心区南入口广场（一期）景观绿化工程位于温州市城市中心区 E–21 地块，总用地面积 39323 平方米，绿地面积 12805 平方米。其中水域面积 18192 平方米，硬地铺装面积 4644 平方米，园路 777 平方米。主要施工内容：室外给排水部分：UPVC 双壁波纹管约 2100 米，镀锌钢管 200 米；电气工程：安装庭院灯 61 盏，草坪灯 37 盏，投光灯 110 盏，嵌壁灯 17 盏，线条灯 900 米；地面工程：花岗岩铺装 4700 平方米，侧石安装 730 米；园林土建小品：块石驳岸及圆木驳岸共计 260 米，石栏杆 121.3 米，残疾人扶手栏杆 17.8 米，木坐凳 6 个，座背靠椅 6 个，石灯 4 个，指示牌 5 个，垃圾桶 15 个；绿化部分：乔木 1100 株，灌木 150000 株，百慕大草坪 4200 平方米，马尼拉草坪 5000 平方米，主要苗木品种有榕树、香樟、紫薇、桂花、乐昌含笑、榉树、无患子、金丝垂柳、日本晚樱、海棠、红枫、梅花、红叶石楠、金叶女贞、品种月季等。

工程特点

本项目在设计中充分体现了园林中的“三脉”理论，即水脉、绿脉、文脉。水脉贯穿整个系统，犹如人的血液；绿脉是地表生态与植物的覆盖，犹如人的肉体；而文脉则是园林所需体现的精神和内涵，如同人的灵魂。工程水域面积大，水面波光粼粼，周围绿树环抱，树影倒映于水中，展示了一幅浓浓的山水画。绿化树木配置中，充分运用了乡土树种大榕树，或造景，或点缀，榕树的主题文化得到了充分的体现，其他树种环抱于榕树周围，相得益彰。南入口大广场的铺装以“世界温州”为主题，体现了温州是中国东南部的沿海港口城市，中国民营经济发展的先发地区与改革开放的前沿阵地，而与此广场相呼应的另一广场以“继往开来”为主题，体现了温州人民勤劳勇敢、生生不息的创业精神。

本工程的另一特色是在地形的处理上，采用了“梯地花田”的设计理念，使植物的配置更富有层次感，空间营造效果极强。广场铺装、水系、苗木、小品等融于一体。施工过程精心细致，从植物的选择到配置均依地而行，精心选配。目标是致力于让山水融入城市，让城市走进山水，努力建设“山水相融，城美景秀，天人和谐”的生态型山水城区。

本项目获得2014年度浙江省“优秀园林工程”金奖

申报单位：浙江怡园环境建设有限公司
通讯地址：衢州市柯城区百汇路158-1号
邮政编码：324000
联系电话：0570—3852377

长兴中央大道景观工程Ⅰ、Ⅱ标段（经四路—站前大道—环太湖公路）

建设单位　长兴城市建设有限公司

设计单位　杭州城境景观设计有限公司

施工单位　杭州汇达绿地有限公司　湖州园林绿化有限公司

监理单位　北京中联环建设工程管理有限公司

起止时间　2012年12月13日至2013年6月11日

工程造价　7085.87万元

工程概况

长兴中央大道景观工程Ⅰ标段（经四路—站前大道），工程面积134307平方米。长兴中央大道景观工程Ⅱ标段（站前大道—环太湖公路）绿化面积70439平方米，位于长兴中央大道。工程主要内容包括绿化种植、种植土回填、挡墙、点风景石、园路、亲水平台、雕塑小品、垃圾桶、绿化给排水墙工程等。其中，Ⅰ标段由杭州汇达绿地有限公司施工，Ⅱ标段由湖州园林绿化有限公司施工。

工程特点

长兴中央大道景观工程Ⅰ标段整个道路景观植物搭配相宜，高低错落、疏密有致，在保证观赏性的基础上也兼顾到冬季绿化的表现，形成了四季有景、三季有花的植物景观效果。

长兴中央大道景观工程Ⅱ标段在绿化的表现形式上，中央隔离带采用乐昌含笑树种结合罗汉松等造型树、太湖石、球类、色块苗、时令花卉，组成花境形式；机非隔离带采用无患子、黄山栾树、红枫等树形优美品种，结合造型树、太湖石、球类、色块苗、时令花卉，组成花境形式；行道树（银杏）采用行列式栽植；边坡水杉采用片林的形式栽植。

本项目获得2014年度浙江省“优秀园林工程”金奖

申报单位：杭州汇达绿地有限公司
通讯地址：杭州市萧山区新街镇三益线旁
邮政编码：311217
联系电话：0571—82858888

申报单位：湖州园林绿化有限公司
通讯地址：湖州市莲花庄路108号
邮政编码：313000
联系电话：0572—2189282

德信·臻园室外景观市政工程

建设单位　浙江德信汇运置业有限公司

设计单位　浙江城建园林设计院有限公司

施工单位　浙江元成园林集团股份有限公司

监理单位　浙江省工程咨询有限公司

起止时间　2012 年 7 月 1 日至 2012 年 11 月 1 日

工程造价　1667 万元

工程概况

德信·臻园室外景观市政工程位于杭州市拱墅区桥西文岚街，总景观面积 17877 平方米。施工内容包括小区的景观绿化、土坡造型、硬质铺装、水池、景墙、树池、水电安装，以及雨水、污水、废水等市政排水工程。

本项目获得 2014 年度浙江省“优秀园林工程”银奖

申报单位：浙江元成园林集团股份有限公司
通讯地址：杭州新塘路 19 号采荷嘉业大厦 5 号楼
邮政编码：310016
联系电话：0571—86947044

工程特点

本工程中，园路铺装、木结构廊架、水池水景的铺贴，都是面层工程。面层铺装坡度、厚度、标高、平整度均符合设计要求；不同类型面层的结合图案正确；面层无空鼓、裂纹、色差现象。

园林绿化工程。一方面，抓好地形处理。施工时，在遵循设计图纸的基础上，几次对地形处理进行修改、调整，楼群的前后都呈现出高低起伏的自然形状。另一方面，抓好大苗种植。在施工之初，项目部就指派材料员到生产基地挑选苗木，大苗选择要求冠幅完整、树形好，同时，采用在苗圃种植多年的移植苗。为营造好的景观效果，项目经理部按业主要求种植全冠香樟大树。为保证成活，对大树的质量提出了较高的要求，这些全冠香樟大树，每车只能运输一株。每株大苗的泥球直径必须达到 1.8 至 2 米。每株大树必须用吊车装运，运输和种植过程中，务必防止泥球破碎，以免影响成活率。由于采用了移植树苗，加上后期的养护管理，小区目前的大树成活率较高。

同人精华大厦市政景观绿化工程

建设单位　浙江省直同人房地产开发有限公司

设计单位　浙江省省直建筑设计院

施工单位　浙江省直同人建设有限公司

监理单位　浙江省省直建设工程监理有限公司

起止时间　2013 年 8 月 26 日至 2014 年 3 月 21 日

工程造价　1150 万元

工程概况

同人精华大厦市政景观绿化工程是同人精华大厦商业配套的绿化景观工程，位于杭州市古墩路616号，西侧为古墩路，南侧为安坝路（规划道路），东侧为三坝路（规划道路），北侧为梅园路（规划道路），地理位置优越，是杭州市申花板块稀缺的综合性景观园林商业大厦。总施工面积20714 平方米，其中硬质铺装面积9739 平方米，场地绿化面积 4115 平方米，屋顶绿化面积 2300 平方米，西侧古墩路公园绿地面积 4560 平方米。建设内容有景观通风采光井三座，汽车坡道玻璃雨棚两座，自行车坡道玻璃雨棚一座，木廊架及休息亭各一座，景观水池两个，苗木种植等。

本项目获得2014年度浙江省“优秀园林工程”银奖

申报单位：浙江省直同人建设有限公司
通讯地址：杭州市紫荆花路386号紫荆大厦三楼
邮政编码：310012
联系电话：0571—81020059

工程特点

同人精华大厦市政景观绿化项目分为两种不同的园林风格表现形式：商业区中心庭院以西方规则式园林为设计基准，而西侧古墩路公园绿地带则采用了自然式园林的表现手法。中心庭院的园林景观强调整齐、有序、层次鲜明，即给人一种亲近大自然而又不失整齐有序的感觉，融入了商业的精髓，和主体的结构及商业的氛围相呼应。西侧绿化带则是完全不同的园林风格，该项目在此处采用了江南园林的表现手法，强调了人与自然的和谐，与周围环境的融入。商业区的园林景观有阵形玉竹跌水景观池、矩形喷泉景观水池、现代式木廊架休憩区、沁芳亭等；商业区的绿化配置合理，常绿树有香樟、广玉兰、桂花、乐昌含笑等，落叶树有银杏、红玉兰、红枫等，还有丰富的灌木及地被类植物，形成了绿色廊道系统、生态绿化系统和树木制氧系统三大平面景观的子系统，且四季常绿、四季有景。除此之外，本项目大力加强了屋顶的绿化，在裙房及屋顶完成了屋顶花园的绿化种植，为城市多添一丝绿意。

本项目植物配置的特点：植物类别丰富，品种充实。植物类系包括了常绿乔木、落叶乔木、常绿灌木、常绿草本地被、草本花卉等五大类；景观效果明显，工程竣工后形成乔、灌、草（地被）相结合；花、果、叶相配的景观效果；植物配置高、中、低错落，层次和季相丰富；以春景为主，四季有花，四季常青，呈现了生物多样性，展现了生态景观的人工植物群；根据工程时间的安排，采取先落叶树，后常绿树，秋冬落叶树，春夏常绿树的程序去种植，以提高种植成活率和保存率。

杭州市余杭塘路（莫干山路—俞家圩路）道路景观绿化工程

建设单位　杭州市市政公用建设开发公司
设计单位　中国水电顾问集团华东勘测设计研究院有限公司
施工单位　杭州绿风园林建设集团有限公司
监理单位　浙江天成项目管理有限公司
起止时间　2010 年 8 月 17 日至 2011 年 10 月 31 日
工程造价　1122.57 万元

工程概况

杭州市余杭塘路（莫干山路—俞家圩路）道路景观绿化工程位于杭州市拱墅区，余杭塘路作为一条东西向主干道，在杭州市城市规划中，它与文一路、文二路、文三路一起负载庞大的城西交通，因此余杭塘路的建设必须保证工程质量高、绿化效果好。绿化苗木种植面积 35000 平方米，硬质铺装面积 5800 平方米。工程主要施工内容包括绿化种植、铺装工程和给水安装工程等。

本项目获得2014年度浙江省“优秀园林工程”银奖

申报单位：杭州绿风园林建设集团有限公司
通讯地址：杭州市滨江区科技馆街1491号金龙大厦2号楼
邮政编码：310052
联系电话：0571—86985900

工程特点

本工程遵循杭州市城市总体规划，充分考虑该地块整体绿化特征及道路自身设计特点，遵循安全、实用、新颖、美观、以人为本的原则，注重环境设计，合理布置，达到“建路与保绿、造绿”的有机和谐统一，达到交通环境与景观建设的统一。

结合地块整体绿化特征及道路绿化自身的特点，坚持以“绿”为主，以生态设计为基本原则，适地适树进行种植，充分考虑植物的生态功能与防护功能，发挥植物的美学效应，结合当地文化特征，设计景观要素。做到以人为本，考虑人的参与性。

余杭塘路选择了桂花、黄山峦树、日本晚樱等20种植物进行种植，景观效果可谓“时时映绿，错落有致”。其中，草坪周围配植乔木、灌木，以其树冠从立面上划分了植物空间；机非隔离带主要种植黄山栾树，开头处点缀草花，黄山栾树下穿插种植山茶花和红叶石楠球，强化四季景观效果；道路两侧绿化带组团式种植了层次丰富的景观，在开阔处或高点处点缀孤植树或景石等，打造景观特色。

银
优秀园林工程

杭州市延安路（体育场路—吴山广场）综合整治绿化工程

建设单位　杭州市城市基础设施建设发展中心
设计单位　中国水电顾问集团华东勘测设计研究院有限公司
施工单位　浙江中南建设集团有限公司
监理单位　浙江天成项目管理有限公司
起止时间　2013 年 1 月 1 日至 2013 年 7 月 4 日
工程造价　580.79 万元

工程概况

杭州市延安路（体育场路—吴山广场）综合整治绿化工程位于杭州市延安路，北起体育场路，南至吴山广场，施工内容为道路绿化施工以及周边景观节点的施工，工程面积为 11200 平方米，共种植乔木 1352 株，单株灌木 635 株，色块灌木 7356 平方米，花卉 194 平方米，草坪 948 平方米，工程性质为改建工程。

本项目获得2014年度浙江省“优秀园林工程”银奖

申报单位：浙江中南建设集团有限公司
通讯地址：杭州市滨江区滨康路245号
邮政编码：310052
联系电话：0571—89892668

工程特点

本工程在整条道路的绿化设计上特意根据不同区段采用不同特色主题来设计。其中吴山广场至庆春路段定位为旅游休闲段，以“高木映繁花”表现，在高大的乔木周围增加似锦繁花，形成热闹兴旺的商业景观；庆春路至体育场路段定位为现代时尚段，以“丛绿一地香”表现，创造缤纷各异的现代绿化景观。

延安路绿化工程植物搭配多样，色彩丰富，乔木上除原有保留法桐外，还有黄山栾树、香泡、日本早樱、红叶李、桂花、红枫、红叶石楠柱等。黄山栾树作为主行道树，对风、粉尘污染、二氧化硫、臭氧均有较强的抗性，枝叶有杀菌功能，对延安路的环境可以起到很大的改善作用，更因其树形高大优美，加之夏末秋初鲜黄色花朵撒满树冠，深秋季节酷似串串灯笼的红色蒴果与鲜黄色秋叶交相辉映，可以形成季相丰富的景观效果。庆春路至凤起路段的中央隔离带里种植香泡及日本早樱。香泡树是一种四季常绿的芳香型高级景观树种，一年开花多次，芳香怡人，果实硕大，其色金黄，悬垂枝头，倍添秋色。日本早樱树树姿洒脱开展，花枝繁茂，花开满树，花大艳丽，在每年的3—4月份盛开时如玉树琼花，如云似霞，堆云叠雪，甚是壮观。在球类灌木上，工程有红叶石楠球、茶梅球等，茶梅芳香，花期长，可自10月下旬开至来年4月。茶梅不仅花色瑰丽，淡雅兼备，且枝条大多横向展开，姿态丰满，树形优美。红叶石楠球分春秋两季，因其新梢和嫩叶火红而得名，色彩艳丽持久，极具生机。在夏季高温时节，叶片转为亮绿色，给人以清新凉爽之感。色块灌木有红叶石楠、金森女贞、南天竹、亮绿忍冬、兰花三七、大花六道木等，在有的绿化带里还配有时花花境。

庆春路到凤起路段，是这次延安路绿化整治中最有特色的。人行道和机非隔离带种的全是黄山栾树，而中央隔离带上，则别出心裁地种了香泡和日本早樱。春有樱花如云，秋有香泡金黄，或许今后会成为延安路一景。

延安路绿化工程不仅对道路绿化进行了改造，同时对沿线的景观节点（标力大厦前、广发银行前及红楼南面的绿化）进行了景观提升。标力大厦前的绿地提升后为造型式的花境绿化；广发银行前的绿化搭配为简单的球类植物和草坪，简约而大方；红楼南面除了对绿化进行了梳理外，考虑到其位置位于过路天桥边，同时进行了铺装和景观的改造，设置了花岗岩坐凳，以便行人可以休息。

延安路作为杭州市最繁华的商业街，为了保证植物后期的长效生长，本工程对土方进行了改良。

延安路作为杭州最繁华的商业主干道，是杭城对外展示形象的窗口性道路，整治后的延安路“点上花卉缤纷，线上绿草如茵”，将以全新的面貌展示给众人。

华为杭州二期生产基地景观绿化分包工程（标段一）

建设单位　华为投资控股有限公司

设计单位　上海现代建筑设计（集团）有限公司

施工单位　杭州市园林绿化股份有限公司

监理单位　南京风景园林工程监理有限公司

起止时间　2012 年 8 月 23 日至 2013 年 11 月 10 日

工程造价　2272.72 万元

工程概况

华为杭州二期生产基地景观绿化分包工程（标段一）为绿化景观工程位于杭州市滨安路以南、滨康路以北、江虹路以东、江辉路以西，绿化面积 110000 平方米。工程内容为填土、土壤改良、平整土地、苗木移植、绿化种植及喷灌、给水管道、绿化养护等。

工程特点

本工程由园林景观建设和园林绿化苗木栽植两大部分组成。项目主要以苗木栽植为主。工程景观效果要求高，工程建设规模较大，点多面广，面积较大，建设场地内地下管线繁多，错综复杂。工程施工范围内涉及其他施工单位，存在交叉影响，协调工作量较大。大量的大乔木均需在冬季种植，不在苗木的正常栽植时段，采取了反季节栽植措施，保证苗木较高的成活率。

本项目获得2014年度浙江省“优秀园林工程”银奖

申报单位：杭州市园林绿化股份有限公司
通讯地址：杭州市凯旋路226号6—8楼
邮政编码：310020
联系电话：0571—86095666

浙江中烟工业有限责任公司杭州卷烟厂『十一・五』易地技改项目厂区绿化景观工程（一标段）

建设单位　浙江中烟工业有限责任公司
设计单位　中国美术学院风景建筑设计研究院
施工单位　杭州天顺市政园林工程有限公司
监理单位　浙江泛华工程监理有限公司
起止时间　2012年9月14日至2014年4月24日
工程造价　4277.36万元

工程概况

浙江中烟工业有限责任公司杭州卷烟厂“十一・五”易地技改项目厂区绿化景观工程（一标段）位于杭州市西湖区科海路118号。绿化面积123400平方米、铺装面积（含停车位）23100平方米、水景面积9900平方米。工程施工分为厂区、办公中心内庭院、联合工房内庭院三个主体部分，工程内容主要分为园林绿化、园路与广场铺装、园林构筑物、园林小品、园林给排水及园林电气安装六个部分。

本项目获得2014年度浙江省“优秀园林工程”银奖

申报单位：杭州天顺市政园林工程有限公司
通讯地址：杭州市余杭区临平香雪路38号
邮政编码：311100
联系电话：0571—86145877

工程特点

本工程绿化设计主导思想为“简洁、大方、便民、亲水”。以美化环境，体现建筑风格为原则，使绿化和建筑相互融合，相辅相成，使环境成为公司文化的延续。其工程特点充分发挥绿地效益，满足厂区员工的不同要求，创造一个幽雅的环境，坚持以人为本，充分体现出现代化的生态环保型设计理念。

工程植物配置以本土树种为主，疏密适当，高低错落，形成一定的层次感；色彩丰富，主要以常绿树种作为“背景”，用四季不同花色的花灌木进行搭配。多采用草皮铺种，尽量避免裸露地面，广泛进行垂直绿化并加以各种灌木和草本类花卉进行点缀，使厂区达到四季常绿、三季有花的景观效果。

厂区内道路力求通顺、流畅、方便、实用。适当安置了园林小品，小品设计力求在造型、颜色、做法上有新意，使之与建筑相协调。周围的绿地不仅可以对小品起到延伸和衬托的作用，又能独立成景，使全厂区的绿地形成以集中绿地为中心的绿地体系。

本工程的绿化景观设计围绕中烟文化的内涵，营造出“五境”，即“品味高雅的文化环境，严谨开放的交流环境，催人奋进的工作环境，舒适宜人的休闲环境，和谐统一的生态环境”。充分体现出浙江中烟工业有限责任公司杭州卷烟厂的人文特性。

银

优秀园林工程

绿城云栖玫瑰园一期芳雅苑 4# 楼、香颂苑（H1# 楼、H3# 楼）庭院景观工程

建设单位　杭州金马房地产有限公司

施工单位　杭州赛石园林集团有限公司

起止时间　2013 年 4 月 28 日至 2013 年 8 月 2 日

工程造价　758 万元

工程概况

绿城云栖玫瑰园一期芳雅苑 4# 楼、香颂苑（H1# 楼、H3# 楼）庭院景观工程位于杭州市西湖区之江路 168 号（原杭州“未来世界”公园），施工项目为法式排屋的庭院景观工程。工程景观面积 4850 平方米。工程内容主要包括土建、安装、绿化三大部分，土建部分包括泳池结构及马赛克铺装、SPA 池、围墙结构以及压顶、廊架、园路基础及面层铺装、木构架等；安装部分包括室外浇灌、照明、给排水等；绿化部分包括土方回填、土壤改良、苗木种植、草坪以及后期养护工作等。

本项目获得2014年度浙江省“优秀园林工程”银奖

申报单位：杭州赛石园林集团有限公司
通讯地址：杭州市余杭区文一西路1218号19幢
邮政编码：311121
联系电话：0571—85776368

工程特点

本工程采用的是法式园景造园手法，部分边套根据业主的需求采用的是中式和法式相结合的造园手法。中间套的每户景观配置都采用一个室外茶餐厅廊架、一个壁泉、部分苗木及休闲草坪区来进行搭配。廊架主体是钢结构，外包德国莱姆石的石材干挂，壁泉压顶采用新西米，园路铺装采用荔枝面黄金麻。硬质施工对石材的圆角、倒角都有严格的要求，园路两侧采用的卵石排水带既分界了绿植区与硬质区，也更好地预防了种植土被冲刷到道路上的弊病。安装的每个浇灌系统出水口都加装了一个防腐木制成的框架，避免出水口在日后被日益生长的绿篱植物遮盖，而且也方便园艺工人识别。

工程的植物配置以开花植物为主，主要包括桂花、香樟、玉兰、樱花、紫薇、胡柚、香泡、银杏、八仙花、变叶木、角堇、红叶石楠、重瓣茶花、金边黄杨球、鸡爪槭、新几内亚凤仙、八角金盘、西府海棠、毛鹃等。

东航杭州疗养院改建工程绿化施工标段

建设单位 上海东航置业有限公司
设计单位 华汇工程设计集团股份有限公司
施工单位 杭州萧山园林集团有限公司
监理单位 浙江江南工程管理股份有限公司
起止时间 2012年8月16日至2013年4月10日
工程造价 1580万元

工程概况

东航杭州疗养院改建工程绿化施工标段位于杭州西湖风景名胜区。工程以植物造景为主，是带有土建、小品的综合性公园景观工程，总施工面积33327平方米，工程绿化面积33327平方米。整个区域地形造坡改造30000平方米，土方挖运1921立方米，围墙拆除712米，成品移动岗亭一个，铸铁门一樘扇，路牙铺设2665米；停车场铺装460平方米，芝麻黑毛面花岗岩围边铺装1000平方米，黑色卵石纵铺走边412平方米，花池四个，树池六个，截洪沟528米，排水沟679米，排水管215个，路灯197套，装饰灯112套，电力电缆3355米，电气配管3355米。在绿化施工中，共种植乔灌木、水生植物87个品种，种植乔木272株、灌木380株，栽植色带9204平方米、水生植物64平方米、草坪面积6316平方米。工程内容主要有土方工程、景观小品工程、铺装工程、水池工程、绿化种植工程、给排水及水电安装工程。

本项目获得 2014 年度浙江省“优秀园林工程”银奖

申报单位：杭州萧山园林集团有限公司
通讯地址：杭州市萧山区萧金路 308 号
邮政编码：311201
联系电话：0571—82677735

工程特点

本工程地处西湖风景名胜区的一个景点。在这个景区中，最具有特色的是青山相伴、绿水环绕，为广大老年朋友们提供了一个休闲娱乐的疗养场所。工程在绿化施工中，沿主干道两侧补种乔木，植之地被，丰富路景；在各个客房周边，采用乔木、灌木、地被植物和景石点缀，组成一个个园林景观。在山间因地制宜，组成不同的铺装空间，为休养人员提供美观而舒适的休憩空间。

漫步在东航杭州疗养院，随处可见设计者的人文关怀，无时无刻不显示着对老年人的关心和爱护。疗养院交通便利，设施齐全，环境优美，房屋布局人性化，四处绿意盎然。近，是绿草红花相夺目；远，是翠树闲亭互生辉。相信这里将会是广大老年朋友们的最佳乐园。

圣奥·领寓园林景观及市政工程

建设单位 杭州东顺房地产有限公司
设计单位 杭州卓然园林建筑设计有限公司
施工单位 浙江新绿洲景观工程有限公司
监理单位 浙江腾飞工程建设监理有限公司
起止时间 2011 年 3 月 16 日至 2011 年 11 月 18 日
工程造价 1580 万元

工程概况

圣奥·领寓园林景观及市政工程位于杭州市江干区九堡镇胜稼路圣奥·领寓小区，景观面积 33825 平方米。工程内容主要包括 土方、园路、汀步、景观桥、下沉式广场、水系、喷泉、透水沥青路面、廊、亭、塑石、绿化。苗木种植的主要乔木有加拿利海枣、华棕、银杏、香泡、大香樟、沙朴、榉树、马褂木等。

本项目获得 2014 年度浙江省“优秀园林工程”银奖

申报单位：浙江新绿洲景观工程有限公司
通讯地址：杭州市下城区朝晖四小区 42 幢 201 室
邮政编码：310014
联系电话：0571—85387098

工程特点

小区室外绿化景观工程通过构成良好的空间组织，让居民尽可能地获得优美舒适的空间体验和视觉景观。工程利用浓缩的自然景观，给予居民休闲、娱乐的场所，是工程的亮点。工程将传统的园艺工艺与现代工艺相得益彰地融合，塑石的跌水水系构筑出气势磅礴的景观形象；坡形优美的草地巧妙地布置在错落有序的植物丛中，使人们感受到植物景带空间的美；植物软景带中置石点缀，呈现了自然的视觉感；实木材面的坐凳，巧设的休息座，体现了景观设计人性化的特点。本工程的景观亭廊、水系、铺装、景石等，通过有序合理的布置，精确定位，自然衔接。

钱江·水晶城三期景观绿化工程

建设单位 浙江钱江通源房地产开发有限公司

设计单位 棕榈园林股份有限公司棕榈景观规划设计院

施工单位 浙江新源市政园林工程有限公司

监理单位 杭州广厦建筑监理有限公司

起止时间 2013年5月2日至2013年9月25日

工程造价 1981万元

工程概况

钱江·水晶城三期景观绿化工程位于杭州市滨江区滨盛路与火炬大道交叉口水晶城内，北面紧邻杭州钱塘江，与杭州主城区隔江相望。水晶城是一个由超高层与高层建筑组成的健康型、享受型的低密度社区。工程即为钱江·水晶城三期景观绿化工程，由10号、11号楼组成，承接着二期与三期的景观带，施工总面积20000平方米。工程内容主要包括小区内的土方造型、硬质景观、园林小品、绿化种植、水景等。

本项目获得 2014 年度浙江省“优秀园林工程”银奖

申报单位：浙江新源市政园林工程有限公司
通讯地址：杭州市同协路 201 号丁桥新经济产业园 7 号楼 13 楼
邮政编码：310021
联系电话：0571—86094298

工程特点

钱江·水晶城三期景观绿化工程在追求生态和谐的基础上，运用地形的堆叠及植物的合理配置，使自然的疏林景观、起伏的坡地景观、烂漫的花园景观、清逸的石林景观皆汇拢在小区中，向人们展示了人、居住区、自然界相和谐的主导风格。

主入口是小区的重要门户，整个设计重点由此展开，沿着流畅的道路、起伏的坡地、网状的步道，景观在这里延伸、舒展。同时，通过合理的尺度及绿化的掩映，消除其与住户的干扰。在小桥流水的水景穿插渗透下，不同的景观彼此呼应，绿化、水体连成一片，形成一幅当代生态景观的长轴画卷。小区的中心绿地则沿蜿蜒的道路自然形成，其流线型的边界，结合绿地内流畅的景观布局，如舒畅的轻音乐一般让人心旷神怡。在如此和谐的环境中，观碧水潺潺，望坡林起伏，树木葱茏，让忙碌的都市人忘却城市的喧嚣，回归自然的和谐美景。

钱江·水晶城三期景观绿化工程采用独特的立体式园林景观，主动创造场地高差，通过多种高差的变化，形成自然的起伏，使园林景观产生丰富的层次感，便于植被搭配，实现大小乔木、灌木、地被植物的结合。在园林绿化建设中，强调以大乔木为骨干的绿色植物作主体，与其他景观要素结合配置成景，采用大小苗木搭配种植的手法，利用疏密有致的种植方式以达到步移景异的效果。贯彻执行以植物造景为主，假山叠石、自然溪流、坡地和花岗岩主干道为辅的理念，把各种景观要素错落有致地组合成园区内富有震撼力、感染力的住宅庭院空间。

银

优秀园林工程

广大·同城印象北区高层室外景观工程

建设单位　杭州广大房地产有限公司

设计单位　上海北半秋景观设计咨询有限公司

施工单位　浙江鹿山园林绿化工程有限公司

起止时间　2012 年 6 月 16 日至 2013 年 3 月 19 日

工程造价　830.93 万元

工程概况

广大·同城印象北区高层室外景观工程位于杭州市余杭区余杭镇狮山路，工程面积 36844 平方米，绿化面积 12854 平方米。施工项目有土方堆填、绿化种植、小品建筑、室外管网、铺装及按图纸系统所需设备的安装、调试、开通、验收及保修工作等。

本项目获得 2014 年度浙江省“优秀园林工程”银奖

申报单位：浙江鹿山园林绿化工程有限公司
通讯地址：嵊州市剡湖街道公园路 5 号
邮政编码：312400
联系电话：0575—83209106

工程特点

本工程的主要施工内容为欧式凉亭、跌水喷泉、人工水系、驳岸、特色景桥、架空层的填土、铺装及室外的铺装及绿化。工程以意大利皇家贵族式的巴洛克建筑风格为设计理念，引入经典的西班牙风格进行景观设计。

高层一楼为架空层，是居民休息、娱乐、健身的公共场所，也是自行车的停车场。由于架空层内柱子林立，土方回填及夯实就成为了难点。工程在小型挖掘机无法进去的区域采用铲车及人工回填的方式进行施工，并层层夯实，达到了比较理想的效果，没有出现不均匀沉降的现象。

关于水系，现代都市人期盼着回归大自然，到青山绿水的大自然怀抱中去放松自己，消除压力与焦虑。工程入口喷泉采用三层跌水的方式，两侧各列植四个树池，与喷泉融为一体，配植南方植物加拿利海枣，树下种植花叶蔓长春，垂入水池。喷泉与树叶交相辉映，气势宏伟，刚柔相济，给人以一种动态美。

银

优秀园林工程

杭州富力西溪悦居售楼处及样板区园林绿化工程

建设单位　杭州富力地产开发有限公司

设计单位　中国美术学院风景建筑设计研究院

施工单位　浙江中景市政园林建设有限公司

监理单位　浙江耀华工程咨询代理有限公司

起止时间　2013 年 5 月 20 日至 2013 年 9 月 15 日

工程造价　1159 万元

工程概况

杭州富力西溪悦居售楼处及样板区园林绿化工程位于杭州市余杭区文一西路北侧，常二路西侧。工程景观绿化面积 9132 平方米。工程内容包括园路、广场、景墙、景观水池、自然叠石水系、石桥、亲水平台、雕塑小品、土方回填造型，苗木、花卉、草坪的种植养护及配套水电、泛光照明、雾森安装等，是一个综合性的园林绿化工程。

本项目获得2014年度浙江省“优秀园林工程”银奖

申报单位：浙江中景市政园林建设有限公司
通讯地址：杭州市西湖区萍水西街80号1—9F
邮政编码：310030
联系电话：0571—88178182

工程特点

本工程设计施工采用规则式和自然式融合的园林风格，以规则式风格为主。项目由主入口广场景观、停车场景观、多个大小各异的景观水池、自然叠石水系、组团绿地、宅间绿地、大面积草坪构成层次丰富、休闲生态、灵活有序的空间格局；运用景观水池、水系、景墙进行空间分隔，区分不同的功能区块。主入口广场、停车场以满足功能为主进行绿化配置，售楼处周边景观以大型景观水池为中心，打造中心水景，湖畔配备雾森系统、许仙白娘子雕塑、泛光照明系统并栽培水生植物，环湖布设各具特色的休闲亲水平台、水上石桥及临水绿化，营造具有新意的浪漫典雅的江南水乡意境。组团绿地考虑到生态与休闲一体化的效果，巧妙运用植物造景，将常绿与落叶、大乔木与小乔木、灌木与地被之间有机结合，树形组合与色彩搭配和谐，季相分明，工程另外还配置较大篇幅的花境，更换栽植当季花卉，营造多样与多彩的景观效果。绿化景观与园路、景墙、园林小品、建筑、水体等相互协调，衔接自然到位。

工程根据不同种植点的景观效果要求，尽可能达到最佳景观效果。在苗木的选材上，尽量采用本地培育的移栽苗或容器苗。

售楼处大型景观水池、景观桥、休闲平台点缀了许仙白娘子雕塑，大面积草坪点缀了羊群吃草雕塑，使得景观更生动，增添了灵性的点睛效果。

临平山综保工程（一期）项目——古建部分

建设单位　杭州市余杭区城建建设处

设计单位　杭州园林设计院股份有限公司

施工单位　浙江诚邦园林股份有限公司

监理单位　浙江文华建设项目管理有限公司

起止时间　2011年1月10日至2012年1月12日

工程造价　2248.7万元

工程概况

杭州临平山综保工程位于杭州市余杭区临平山，包括夕佳阁、沈霞楼、弹琴台、休息亭等21个景点的景观绿化工程。建筑面积3200平方米，绿化面积3000平方米，铺装7000平方米，石栏杆450米，景墙500平方米，景石500吨。

本项目获得2014年度浙江省“优秀园林工程”银奖

申报单位：浙江诚邦园林股份有限公司
通讯地址：杭州市之江路599号
邮政编码：310008
联系电话：0571—87832006

工程特点

本工程的仿古建筑主要模仿宋代古建筑，多采用比较复杂的斗拱及歇山结构，屋面多采用筒瓦，变化繁多。这一时期的建筑，一改唐代雄浑的特点，建筑物的屋脊、屋角有起翘之势，不像唐代浑厚的风格，给人一种轻柔的感觉。工程大量使用油漆，使建筑主体颜色十分突出。窗棂、梁柱与石座的雕刻和彩绘变化十分丰富，柱子造型更是变化多端。

由于临平山特殊的地理位置和环境特点，绿化配植显得尤为关键。本工程追求把自然美与人工美融为一体的意境，根据临平山的山势地貌以及仿古建筑的方位、造型，将之配以不同风格、不同形态、不同颜色、不同花期、不同栽培要求的园林植物。

银
优秀园林工程

德意·空港国际花苑室外景观工程

建设单位　浙江德意置业有限公司

设计单位　天津市东林筑景景观规划设计有限公司

施工单位　杭州申华景观建设有限公司

起止时间　2013年2月25日至2013年6月15日

工程造价　2390万元

工程概况

德意·空港国际花苑室外景观工程位于杭州市萧山区靖江街道靖江路以西、环城南路以北。施工内容主要包括园林绿化、园区道路、铺装、景观围墙、水景、景观亭、铁艺、花架、景观廊架、景观桥、水电安装等。景观绿化施工面积58000平方米，其中土建铺装施工面积17001平方米，绿化施工面积40999平方米，色块苗等灌木面积23520平方米，草坪及时花面积17479平方米。绿化品种有85种左右，大乔木主要以香樟、乐昌含笑、银杏、杜英、朴树、无患子、香泡、榉树、广玉兰、红玉兰、枫香、黑松、水杉等品种为主；中层主要以紫荆、红叶李、樱花、鸡爪槭、垂丝海棠、枇杷、茶花、美人茶、杨梅、三角梅、胡柚等品种为主；球类主要以红叶石楠球、大叶黄杨球、红花檵木球、金边黄杨球、海桐球、龟甲冬青球、毛鹃球、茶梅球、金森女贞球等品种为主；灌木主要以八角金盘、栀子花、红花檵木、夏鹃、丰花月季、毛鹃、海桐、八宝景天、金边黄杨、地中海荚蒾、结香、红叶石楠等品种为主。

本项目获得2014年度浙江省“优秀园林工程”银奖

申报单位：杭州申华景观建设有限公司
通讯地址：杭州市秋涛北路77号新城市广场A座8楼
邮政编码：310020
联系电话：0571—86797587

工程特点

小区主要为现代景观设计风格，蕴含自然与建筑交融的理念。景观绿化施工利用现代造园手法，试图打造一座现代化的园林小区，在满足园林植物生长发育要求的基础上，充分利用各种园林植物（包括乔木、灌木、花卉及草坪、地被植物等）作为主要构料，以建筑、山石、水体为点缀配合，充分发挥植物本身的形体、线条、色彩等自然美，通过植物的自然生长规律，形成“春季繁花盛开、夏季绿树成荫、秋季硕果累累、冬季枝干苍劲”的特定景观，以达到发挥不同植物功能，形成多样化景观的目的。

园林铺装上通过对园路、空地、广场等进行不同的印象组合，贯穿小区，营造出空间的整体一致性、连贯性。

东入城口环境综合整治工程绿化景观工程3标段

建设单位　杭州市萧山区市政园林公用事业管理处
设计单位　杭州萧山市政园林建筑设计所
施工单位　浙江伟达园林工程有限公司
监理单位　上海华铁工程咨询有限公司
起止时间　2012年9月20日至2012年12月29日
工程造价　1269.5万元

工程概况

东入城口环境综合整治工程绿化景观工程3标段位于杭州市萧山区金城路，是杭州“三纵五横”快速路网中最南的“一横”的彩虹快速路萧山段的一部分。工程西起萧山区新城路，沿金城路、104国道直通向杭金衢高速公路萧山东互通口，全长3.7千米，标准段宽度53米。施工范围为中分带、机非隔离带、行道树绿化等。施工内容包括合同清单范围内的土方清理、土方回填、绿化苗木栽植、园林给水安装等工程，工程面积50000平方米，主要栽植胸径22厘米的银杏592株，胸径22厘米的香樟488株，胸径40厘米的香樟10株，胸径50厘米的香樟4株，D12，P350桂花627株，栽植春鹃、茶梅、金边黄杨、大花六道木、红花檵木、红叶石楠、小叶栀子、八角金盘、洒金珊瑚、小叶蚊母、大吴风草、南天竹、海桐、月季、常春藤等总计1293000株。

本项目获得 2014 年度浙江省“优秀园林工程”银奖

申报单位：浙江伟达园林工程有限公司
通讯地址：杭州市萧山区兴九路 178 号
邮政编码：311202
联系电话：0571—82381097

工程特点

彩虹快速路作为杭州市城市道路绿化的重要组成部分，必然会成为城市道路绿化新的闪光点和焦点。彩虹快速路在景观构造、绿化品质等方面的要求均高于一般的道路绿化，并且有自身的特色和功能定位，是集植物配置、景观要素、道路功能于一体的综合景观工程。

城市景观道路的植物配置中，既要在近期取得立竿见影的绿化效果，又要保持道路景观的相对稳定性。本项目在乔木配置时采用了本地产香樟、桂花与江苏产银杏的搭配。香樟、桂花四季常绿，能够美化冬季枯燥的道路景观，并作为银杏的陪衬，增加道路层次感。

本工程在植物配置上充分利用植物的色、形、质来组成多样化的道路景观。绿色是色彩的主体，为了让道路景观呈现出绚丽多彩的色彩层次，工程精选枝干形态优美的银杏、香樟和桂花，用以营造景观道路丰富多变的林缘线与林冠线。灌木间的搭配更为重要，项目部使用月季、春鹃、茶梅、南天竹、吉祥草、大花六道木、金边黄杨、红花檵木等色彩丰富的灌木，实现季相变化中色彩的变化，使四季有景可赏，整条道路既富于色彩变化，又处于统一的绿色基调中。

在植物配置上，工程充分考虑行车速度和视觉特点，做到色块鲜明，过渡自然。并且使用金叶女贞和红花檵木等多彩化的灌木，起到“万绿丛中有亮点”的景观效果。

风尚泽园一期园林景观硬质铺装绿化

建设单位　浙江风尚房地产开发有限公司
设计单位　杭州铭扬景观设计有限公司
施工单位　杭州三力绿化建设有限公司
监理单位　杭州中河建设项目管理有限公司
起止时间　2012 年 10 月 27 日至 2013 年 9 月 28 日
工程造价　791.33 万元

工程概况

风尚泽园一期园林景观硬质铺装绿化工程位于建德市新安江城区，绿化总面积 13000 平方米，工程内容主要包括特色水景、木花架、主入口景观、园路及平台、围墙以及架空层铺装、电器照明和市政排水等分部分项工程。绿化工程主要包括回填土、土方造型、乔木和灌木栽植、草坪铺设等。水电安装工程主要包括给排水安装和电气照明（庭院灯、投光灯、地埋灯、水底灯）。

本项目获得 2014 年度浙江省“优秀园林工程”银奖

申报单位：杭州三力绿化建设有限公司
通讯地址：杭州市萧山区党湾镇镇中村
邮政编码：311200
联系电话：0571—82657600

工程特点

植物色相丰富、季相明显。植物色相搭配合理，依据植物本身特性，合理选择红色、绿色、黄色、紫色等植物进行色块模纹的种植；选用大量枫香、栾树、银杏等季相明显的色叶树种，与本土植物香樟及桂花搭配种植，既丰富了植物种类，又能很好地体现季相的变化。

项目所种植的植物种类十分丰富，有常绿的桂花、香樟，也有落叶的银杏和栾树，有本土树种枇杷、桂花、无患子等，也有南方树种华棕、棕榈及加拿利海枣。大乔木、中层灌木和小灌木搭配种植，高低有别，错落有致；开阔场地结合使用功能采用阳光草坪种植。

工程在小区道路和景点内设置了庭院灯、景观灯、草坪灯、地埋灯等，确保夜间道路照明。在夜晚为衬托景点与绿化带效果，还设置了泛光照明，而且采用发光效率高，显色性好的节能灯与金属卤化物灯具。柔性光带、水下灯更是五彩缤纷，耀眼夺目，为节日盛典增添热闹气氛和灿烂色彩。

小区主入口景观以中央跌水为轴线，左右对称，步步登高，中心绿化带以开放式草坪与功能景区相结合，创造出别致而又富于变化的休憩空间，弧线优美的特色景观水景池位于园区一标段的核心，将圆与椭圆巧妙地相结合，恰当处理南北两条消防园路之间的地形高差，设计出较为私密的特色景观区，配合了高层建筑所带来的开阔楼间距以及底层架空景观通透的优势。风尚·泽园首个提出了社区亲情会客厅的概念，架空层地面采用莆田锈和贵妃红等暖色调石材铺贴，营造城市中心难得一见的社交场所。

北仑东方石浦大厦绿化工程

建设单位　宁波东方石浦置业有限公司
设计单位　宁波市风景园林设计研究院有限公司
施工单位　宁波东升市政园林建设有限公司
监理单位　宁波诚建监理咨询有限公司
起止时间　2012 年 2 月 15 日至 2012 年 8 月 15 日
工程造价　957.64 万元

工程概况

北仑东方石浦大厦绿化工程位于宁波市北仑区泰山路南侧，太河路东侧。绿化面积 30000 平方米。景观部分包括施工图内的景观小品、园路、景观水系、电气及灯饰（含路灯、庭院灯、水底灯及草坪灯等）等。绿化部分包括施工图内的土方（黑土与种植土）及造型（需考虑排水），乔木、灌木、地皮植物、草坪的种植与铺设。工程获得 2012 年度宁波市园林绿化工程安全文明施工标准化工地的称号，同年获得浙江省园林绿化工程安全文明施工标准化工地的称号，以及 2013 年度宁波市“茶花杯”园林绿化建设工程优质奖。

本项目获得2014年度浙江省“优秀园林工程”银奖

申报单位：宁波东升市政园林建设有限公司
通讯地址：宁波市镇海区九龙湖镇长宏村
邮政编码：315200
联系电话：0574—55335672

工程特点

本工程为北仑东方石浦大厦景观绿化工程，施工项目齐全，施工面大，范围广，工期短。土方工程：工程内有土方的倒运、垃圾的外运。绿化种植工程：乔木种植、花冠木的种植、灌木的种植、草坪的铺植和养护，一应俱全。绿化养护工程：本工程保修保活期为一年，对工程须作一级养护管理。园路工程：本工程园路有鹅卵石园路、碎拼大理石园路、植草砖停车场、文化石园路、水泥彩砖园路、广场砖园路、花岗岩园路等多种做法。

银
优秀园林工程

北仑区纪念林建设工程（一期）

建设单位　宁波市北仑区园林管理处
设计单位　宁波市风景园林设计研究院有限公司
施工单位　宁波海逸园林工程有限公司
监理单位　宁波海城工程监理有限公司
起止时间　2012 年 3 月 1 日至 2012 年 12 月 30 日
工程造价　1420 万元

工程概况

北仑区纪念林建设工程（一期）位于宁波市北仑区中河路西侧（庐山路—坝头路），景观绿化面积 48000 平方米。其中景观铺装面积 9000 平方米，木质铺装 1200 平方米。工程内容包括地形处理、栈道、园路、植物种植、养护等。北仑纪念林侧与中河水系相拥，交通便捷，宁静清幽，建成后将是北仑城区难得的一个“城市绿岛”。

本项目获得 2014 年度浙江省“优秀园林工程”银奖

申报单位：宁波海逸园林工程有限公司
通讯地址：宁波市海曙区中山西路 2 号（恒隆中心 15-4 室）
邮政编码：315300
联系电话：0574—23700791

工程特点

北仑纪念林将设祝福林、百合林、企业风采林等不同区块，供市民和企业认建。北仑纪念林的建设，是“创森”工作的一个重要载体，对于强化市民关注森林意识、丰富森林文化内涵、树立城市窗口形象，都具有十分重要的意义，也为市民搭建了一个认绿、建绿、养绿，亲近和体验自然的平台。北仑纪念林开辟后，北仑区将鼓励社会各界通过出资出力、认植认养等各种形式参与纪念林建设，共同把北仑纪念林建设成为绿色公益活动基地、森林文化体验场所和北仑城区又一处开放式的生态公园。

甬临线奉化段路面大修、江拔线江口立交桥至溪口王浦桥段路面大修工程绿化

建设单位　奉化市交通运输局

设计单位　余姚市交通规划设计研究院

施工单位　宁波弘程园林建设有限公司

监理单位　宁波市交通工程咨询监理有限公司

起止时间　2012 年 8 月 15 日至 2013 年 6 月 30 日

工程造价　1300 万元

工程概况

甬临线奉化段路面大修、江拔线江口立交桥至溪口王浦桥段路面大修工程绿化位于奉化市，施工内容包括道路中央隔离带绿化种植，侧石安装以及道路两侧景观绿化等。建设规模主要包括甬临线奉化段全长 28 千米，江拔线江口立交桥至溪口王浦桥段全长 13 千米，总计面积 100000 平方米。工程荣获 2013 年度宁波市“茶花杯”园林绿化建设工程优质奖。

本项目获得 2014 年度浙江省“优秀园林工程”银奖

申报单位：宁波弘程园林建设有限公司
通讯地址：宁波市中山西路 75 号鼓楼大厦 12 楼
邮政编码：315000
联系电话：0574—87683787

工程特点

本工程道路绿化中分带层次分明，主要应用的苗木有紫薇、茶花、红叶石楠球、海桐球、红花檵木球，色块苗主要为杜鹃、红叶石楠等。所选苗木均为花形优美，色彩鲜艳的品种，不同季节均有不同的景观效果。乔木、灌木搭配有序，又增加了色彩鲜艳的一两年生草花，为了避免长路段的单调，分段配以不同的树种，营造不同的景观特色，整体绿化效果十分突出。

甬临线各分叉路段，均设有小型绿地。三角形地块的景观布置也十分精致，营造出一种小地块、大世界的感觉。绿化地块中心以高大的银杏树作为支点，在其周围配以大桂花、茶花等各种乔木，再点缀上海桐球等各色球类，然后以杜鹃等小灌木及矮牵牛等草花烘托，层次鲜明，色彩丰富，观感良好。绿化地块的三个角落，均布置了绿化小景点，造型美观的景观树种、画龙点睛的置石、色彩鲜艳的花朵，将小地块打造成了小型景观区，为道路增添了不少色彩。

甬临线道路两边的绿化景观带，选用苗木为香樟及红花檵木球等，根据不同的地理位置，布置不同的树木景观。在植物搭配上，层次分明，色彩变化明显。

余姚星光路社区公园绿化景观工程

建设单位　余姚经济开发区建设投资发展有限公司

设计单位　宁波市风景园林设计研究院有限公司

施工单位　宁波甬政园林建设有限公司

监理单位　宁波广天建通工程管理有限公司

起止时间　2012 年 3 月 18 日至 2012 年 10 月 18 日

工程造价　1044.83 万元

工程概况

余姚星光路社区公园绿化景观工程位于余姚市城东新区，星光路与横河棣江交叉口的东南地块，总施工面积 21993 平方米。工程内容包括园林景观小品、地面铺装工程、绿化工程、室外景观照明工程、室外给水工程、厕所及管理房等。工程主体景观由广场、园路、景观廊架、儿童场地、景观亭、景墙、绿化、停车场等构成。工程荣获 2013 年度宁波市“茶花杯”园林绿化建设工程优质奖、2013 年度宁波市园林绿化工程安全文明施工标准化工地的称号。

本项目获得 2014 年度浙江省“优秀园林工程”银奖

申报单位：宁波甬政园林建设有限公司
通讯地址：宁波市福明路 835 弄 2 号 609 室
邮政编码：315040
联系电话：0574—87891310

工程特点

本工程所选苗木以乡土树种为主，苗木植株健壮、树冠优美、根系旺盛，泥球符合要求。主入口是以香樟、银杏、桂花、珊瑚朴等为主，植物的品种丰富多样，充分体现了植物的季相变化，形成春花、夏叶、秋实、冬景的四季分明之作。整个工程以乔木为背景，常绿灌木作骨架，层次分明，错落有致，展现出植物的自然特色。

作为一个小型的社区公园，余姚星光路社区公园不但使市民出门见“绿”，而且能就近获得宜人的日常交流活动场所。公园内设有儿童场地、跳舞广场、景观廊架、景观亭、健身步道等设施，并在公园的各个入口设置了无障碍通道，极大地方便了公园周围社区的老人、儿童游玩。

居住用房（东城名苑）室外附属工程

建设单位　余姚市赛格特经济技术开发有限公司
设计单位　浙江绿城东方建筑设计有限公司
施工单位　浙江凯胜园林市政建设有限公司
监理单位　余姚市天正工程建设监理有限公司
起止时间　2012 年 9 月 15 日至 2013 年 5 月 15 日
工程造价　5230 万元

工程概况

居住用房（东城名苑）室外附属工程位于余姚市东环北路东侧、望梅路南侧、望湖路北侧的地块，是余姚市赛格特经济技术开发有限公司的重点工程，余姚标志性小区的附属工程。工程总面积 90263 平方米，绿化面积 33745 平方米。共计种植乔木类树种 30 种（包括香樟、广玉兰、加拿利海枣、华盛顿棕榈、银杏、金桂等），种植灌木类树种 27 种，新建游泳池 1 座，景观水池 22 座，种植色块地被及草坪 17745 平方米。除此之外，工程内容还包括了园区内道路、排水及安装。

本项目获得2014年度浙江省“优秀园林工程”银奖

申报单位：浙江凯胜园林市政建设有限公司
通讯地址：宁波市北仑区农业园区沿山公路1号
邮政编码：315806
联系电话：0574—86996607

工程特点

本工程是一项布局严谨，景象鲜明，富有节奏和韵律感的园林景观工程。施工过程中，采取先地下再地上的原则进行，先作雨污水管和景观基础。再作道路施工和景观上部结构，最后再作绿化施工。工程利用树、石、雕塑等造景素材来诱导、暗示、促使人们不断去发现和欣赏令人赞叹的园林景观。园林中的道路是园林风景的组成部分，蜿蜒起伏的曲线，丰富的寓意，精美的图案，都给人以美的享受。

杭州湾新区滨海一路西延（滨海大道——杭州湾大道）两侧景观绿化工程

建设单位 浙江慈溪经济开发区管理委员会
设计单位 中国美术学院风景建筑设计研究院
施工单位 浙江沧海市政园林建设有限公司
监理单位 杭州天恒投资建设管理有限公司
起止时间 2011 年 7 月 1 日至 2012 年 10 月 18 日
工程造价 3179.49 万元

工程概况

杭州湾新区滨海一路西延（滨海大道—杭州湾大道）两侧景观绿化工程位于慈溪市杭州湾新区，总绿化面积 93000 平方米。工程内容主要包括景观工程、排水工程、给水工程、电器工程、绿化工程和 3.5 米非机动车道等。完成甲方供苗 252 株，乔木（包括小乔木与部分灌木）5020 株；红叶石楠、金森女贞、龟甲冬青等小苗木 32085 平方米；回填黑泥 82938 立方米；回填黄泥 18248 立方米；种植草坪 40680 立方米。

本项目获得 2014 年度浙江省“优秀园林工程”银奖

申报单位：浙江沧海市政园林建设有限公司
通讯地址：杭州市江干区三里亭路 77 号
邮政编码：310004
联系电话：0571—86413007

工程特点

滨海一路西延全长 3.6 公里，整体景观设计手法通过以连续舒展的曲线线性景观为基础，在这种起伏顺畅的形态中去制造气势的变化空间，并且就重点区域进行有规律的景观功能设计，加强快速车道给人视觉上的冲击和效果。整体道路在植物设计上，以高大茂密的意杨为背景，配置多种适合本土种植的常绿、落叶树种及造型的丰富灌木、草花，形成横向曲线联合、纵向高低错落的多层次林带景观。

诸暨市陶朱山入口公园景观工程

建设单位　诸暨市越都置业有限公司
设计单位　上海深圳奥雅园林设计有限公司
施工单位　杭州金溢市政园林工程有限公司
监理单位　北京中协成建设监理有限责任公司
起止时间　2013 年 2 月 21 日至 2013 年 4 月 30 日
工程造价　1051 万元

工程概况

诸暨市陶朱山入口公园景观工程位于诸暨市陶朱路西侧，南邻越都广场，主入口正对红旗路，旧城改造 7 号与 5 号地块之间，绿化面积 36800 平方米。工程内容为施工范围内的园路及小品基础和结构、种植土及微地形、立面铺装、乔木种植、灌木种植、路面铺装、水电安装等。

工程特点

本工程入口景墙简约大气，拾阶而上蜿蜒的园路，翠绿的草坪，勃勃生机的树木花朵，与周边自然环境和谐融洽，整体地形在有利于自然排水的功能前提下，体现出了生态、变化的绿化景观效果。

陶朱山入口公园绿化面积 36800 平方米，其中种植乔木 2000 株，灌木 20000 平方米，地被植物（包括草皮）5000 平方米，回填种植土 10000 立方米，铺装面积 5000 平方米，还有景观排水和公厕工程。

公园临近道路侧近垂直，项目采用了重力式挡墙和山坡加固种植草皮的方式，并在挡墙内侧种植乔木树阵，起到了非常好的再次稳固及绿化效果。公园入口处设有公园景观石，当地盛产的高湖石大气堆叠，彰显了本地特色。进入公园可游览新建的美景，公园内有景观眺望台，扶栏而望，诸暨美景尽收眼底，或可在石凳、草坪休憩，欣赏溪涧、时花、小品美景，也可通过原登步道进入山林。公园自建成以来大大提升了人气。

工程完成了山林保护和改造的有机统一，充分利用原有山势、水体、林地，搭配了园路、亭台及乔灌木、地被，精细文明施工，营造了一个自然、生态的市民休闲场所。

园路铺装蜿蜒曲折，为保证效果，施工中平整尺随时检验，注意排水坡度，严控基层密实度，严控材料关，现场真正做到了平、顺、固、无积水的施工要求。

工程在选苗上采用了植株姿态优美、长势良好、根系发达的苗木，且多采用本地原产苗木，以适宜其生长习性。在修剪上努力保持树形，确保植株自然美观的景观效果。栽植上保证放样位置准确，形成自然、美观的平面构成，树穴都培放客土，施足基肥，表土良好。

本项目获得 2014 年度浙江省“优秀园林工程”银奖

申报单位：杭州金溢市政园林工程有限公司
通讯地址：杭州市萧山区通惠北路 1515 号恒源财富大厦 1 幢 12 楼
邮政编码：311215
联系电话：0571—82370888

绍兴市人民路一号地块（颐东华庭）工程场外绿化景观工程

建设单位　绍兴恒大置业有限公司
设计单位　浙江中和建筑设计有限公司
施工单位　浙江易道景观工程有限公司
监理单位　绍兴市城建监理有限公司
起止时间　2012 年 6 月 4 日至 2013 年 8 月 16 日
工程造价　2598 万元

工程概况

颐东华庭场外绿化景观工程位于绍兴市经济开发区一号地块，东临迪荡湖路，南临人民东路，西至环城河，北至浙东古运河。景观面积 30000 平方米。本工程为颐东华庭小区 31 幢住宅场外绿化景观工程，工程按图分为三大块，分别为 A、B、C、D、E、F 六个区，滨水 A、B、C 区三个区和 1 号楼至 26 号楼别墅区块。施工内容主要包括道路、景观小品、围墙、绿化、水电安装等工程。

本项目获得2014年度浙江省“优秀园林工程”银奖

申报单位：浙江易道景观工程有限公司
通讯地址：绍兴市越城区迪荡湖路68号17层
邮政编码：312000
联系电话：0575—88125622

工程特点

颐东华庭项目坐拥两河（环城河、古运河），私享纯生态绿岛。与城市零距离，与风景零距离。设计在充分考虑地块原生态、水系的保护和利用上，精心布置原水系两边的绿化景观：组团绿化、中心绿地、滨水景观相互渗透，互为一体，成为一个“经典、生态、和谐、秀丽”的现代化法式居住小区，并使其以绿色健康、生态节能为设计主题。在景观布局上，采用法式中轴布局，使组团空间主次分明，层次鲜明。将规则式修剪的树木、设计巧妙的跌水景观，以及花坛、雕塑、泉池等加以重点装饰，形成视觉中心，丰富景观内涵，强化景观效果，在细节处彰显生活品质。

中大剡溪花园项目二期小区景观绿化工程

建设单位　嵊州中大剡溪房地产有限公司

设计单位　浙江中利建筑设计有限公司

施工单位　杭州天开市政园林工程有限公司

监理单位　浙江东城建设工程监理有限公司

起止时间　2012 年 1 月 1 日至 2013 年 4 月 30 日

工程造价　1859.53 万元

工程概况

中大剡溪花园项目二期小区景观绿化工程位于嵊州市卧龙绿都南侧地块，地处官河南路以东，领带园路以北，城南新城核心地段，与市中心繁华地段仅一桥之隔，共享老城区成熟商业之繁华。工程景观绿化面积 59911 平方米。该工程施工内容包括土方工程施工、土建施工、硬质铺装施工、苗木种植及养护、景观照明、绿化给排水等工程。

本项目获得2014年度浙江省“优秀园林工程”银奖

申报单位：杭州天开市政园林工程有限公司
通讯地址：杭州市萧山区萧杭路54号
邮政编码：311203
联系电话：0571—82808667

工程特点

本工程采用低密度建筑和高绿地率园林相呼应的手法，由内向外自然交汇，合理利用地块特性创造出鲜明的结构形态，总体布局丰富细致、和谐。以欧洲宫廷园林风格为设计主题，突出轴线对称这一布景特色，入口处植物曲线自然柔和，配以精致的小品和亭子，以景观园路为依托，形成了绿地相连、自然流畅的绿化景观系统。休闲的木质平台、喷泉跌水以及大面积的草坪，充分体现出园区布局灵动，步移景异的特点。植物配置色彩分明，极大地丰富了小区的空间层次感，并且呈现出四季有花、冬季常青的景象。

本工程设计有喷水池、景观池、花钵、雕塑、亭子等各种各样的园林景观，在材料选择方面优先选用色差小、厚薄均匀的板材加工，采用红外线切割，做到规格尺寸差异小，充分保证板材的品质和整体效果，做到与四周植物相得益彰，突显高贵奢华的品质。

工程在植物种植上力求完美搭配。利用乔木、灌木、地被植物等配置出多个植物空间层次，合理运用艺术设计手法，使植物与四周建筑相结合，创造出不同的景观效果。

高绿地率搭配低密度排屋和外围高层公寓围合，使得剡溪花园社区景观呈现独一无二的都市绿岛景致。同时，首次引入极富仪式感的法式奢华欧洲宫廷园林景观风格及体系，将理性美与华贵生活观念、优雅建筑风采完美融汇，拒绝工业化时代的简单重复，营造颇具历史内涵和人文美感价值的生活品位。

『山海华府』二期景观土建、绿化工程

建设单位　浙江昌正置业有限公司

设计单位　中国美术学院风景建筑设计研究院

施工单位　浙江舟山百花园林工程有限公司

监理单位　舟山市普陀永安工程建设监理有限责任公司

起止时间　2011年10月1日至2012年7月15日

工程造价　760.33万元

工程概况

“山海华府”二期景观土建、绿化工程位于舟山市普陀区东港开发区B-4至B-8号地块，建设面积16578平方米，其中绿化面积8688平方米，景观土建面积7890平方米。工程内容包括园林绿化、铺装、地下管线安装、土方工程、园区道路、景观照明等。绿化部分主要种植舟山新木姜子、桂花、香樟、乐昌含笑、女贞、广玉兰、榉树、银杏、无患子、垂柳、合欢、海滨木槿、垂丝海棠、红枫、红叶李、紫薇、樱花、夏鹃、金边黄杨、红叶石楠、红花檵木、马尼拉草坪等百种苗木；景观建设部分主要为入口铺装、园路、休闲休憩铺装、廊架、花岗岩汀步、挡土墙、游泳池、儿童滑道（彩色混凝土）、停车位等；安装部分主要为绿化排水、室外电气等。

本项目获得 2014 年度浙江省“优秀园林工程”银奖

申报单位：浙江舟山百花园林工程有限公司
通讯地址：舟山市普陀区东港街道昌正街 82 号昌正大厦 1007 室
邮政编码：316100
联系电话：0580—3825097

工程特点

“山海华府”是别墅小区，为提高居住区品质，建设单位对园林景观工程提出了更高的要求。为更好地体现小区形象，针对小区实际，重点对原有设计中的地形和树木配置进行优化改进。在景观施工中，铺装和建筑小品的用材及加工保证了现场效果和风格的协调。

在园路的布局设计中，本工程除了依据园林建设的规划形式外，还结合当地地形地貌设计，采用弧形园路，合乎自然，追求野趣，塑造了回环曲折的景观效果；因路通景，为了达到曲径通幽的目的，工程在曲路的曲处设计假山、置石及树丛，形成了和谐的景观。

工程在种植苗木时将乔木、灌木相结合，利用乔木、灌木、地被植物等配置出高、中、低、地等层次，通过各个层次进行空间的分割及联系，使空间更具自然的节奏。合理运用色块，通过艺术手法、艺术设计使植物充分发挥它自身的形体、线条、色彩等自然美，创造不同季节的景观。工程在植物配置上做到了疏密有序、错落有致，且做到常绿与落叶树种相结合，最大可能地种植开花树种，使整个小区都能四季常青、常年有花，大大提高了小区的绿化质量。

东吴国际广场园林景观工程

建设单位　湖州大东吴龙鼎置业有限公司
设计单位　浙江天和建筑设计有限公司
施工单位　浙江大东吴绿化有限公司
监理单位　浙江东南建设管理有限公司
起止时间　2013 年 8 月 10 日至 2013 年 12 月 20 日
工程造价　856.01 万元

工程概况

东吴国际广场园林景观工程位于湖州市中心城区的核心位置，北临苕溪港，东接江南工贸大街，南接益民路，北面遥望仁皇山，双面临街，交通便捷，具有良好的水岸景观资源和交通优势。工程内容主要包括地面广场、沿河景观、人行道、非机动车停车位等花岗岩铺装 13530 平方米；景观喷泉、花坛、树池、坐凳、景石、给排水等园林小品设施；绿化面积 6560 平方米，其中包括胸径 10—90 厘米的精品造型罗汉松 6 株、胸径 20—60 厘米的精品造型银杏、香泡、香樟、广玉兰、国槐、红枫、黑松、红叶石楠柱等乔灌木、灌木色块、四季草花、草坪。

本项目获得2014年度浙江省“优秀园林工程”银奖

申报单位：浙江大东吴绿化有限公司
通讯地址：湖州市吴兴区湖织大道2599号
邮政编码：313000
联系电话：0572—2755681

工程特点

东吴国际广场园林景观工程主要形成以滨水绿地、主题公园、节庆广场、特色步道为滨水开放空间的娱乐中心，以综合办公、高档购物、百货、超市为商务中心，以品牌商店、特色餐饮、办公机构、酒店式公寓为多样化的商业中心，以咖啡餐饮、博物展览、餐饮娱乐等中小型特色化商业服务及富有文化娱乐功能的时尚文化中心。

项目地块的自然环境得天独厚，水质清澈，空气清新，用地呈扇形，较不规则，地势平坦，地块中部南北方向有城市道路劳动路穿过，将基地分为东西两部分，连接南侧城图广场和北侧滨水开放景观带，形成面向城市水系开放的公共景观轴。项目以“望山金岛”、“龙溪双冠”为主题，高标准开发建设，重在打造城市门户形象，是湖州市重点工程项目。

东吴国际绿化景观工程

建设单位 浙江大东吴龙玺置业有限公司
设计单位 浙江天和建筑设计有限公司
施工单位 浙江大东吴绿化有限公司
监理单位 浙江东南建设管理有限公司
起止时间 2013 年 8 月 8 日至 2013 年 12 月 18 日
工程造价 1020 万元

工程概况

东吴国际绿化景观工程位于湖州市中心城区的核心位置，北临龙溪港，东临劳动路，南临益民路，交通便捷，具有良好的水岸景观资源和交通优势，属湖州市新打造的集购物、休闲、娱乐、餐饮、文化、旅游、高层住宅等功能于一体的大型商业区。工程总面积 20130 平方米，绿化面积 6600 平方米。工程施工内容包括地面花岗岩铺装、沿河创意廊架、景观小品喷泉、各式花坛、树池、台阶、大型景石等园林小品设施，其中各式花坛内有造型罗汉松、银杏、香泡、香樟、广玉兰、国槐、鸡爪槭、金桂、红枫、红叶石楠树、茶花、苏铁、金边黄杨球、造型瓜子球、造型五针松、红花檵木桩等名贵乔木、灌木，配以四季草花、草坪等相结合。

本项目获得2014年度浙江省“优秀园林工程”银奖

申报单位：浙江大东吴绿化有限公司
通讯地址：湖州市吴兴区湖织大道2599号
邮政编码：313000
联系电话：0572—2755681

工程特点

此工程的水景位于北侧龙溪港的大型明代仿古大龙船旁，造型创意生动，使用花岗岩材质，以莲花为造型基础，打造出一个造型生动的莲花池喷泉。配合明代仿古大龙船，古今一体，为该工程的一大亮点。工程的创意廊架位于北侧龙溪港边，造型似一帆船，意为一帆风顺，由不锈钢材料制作。工程有几处大型景观石，造型独特，其中一块长11.7米，高3米，雕刻着东吴国际筑楼记和印章，以及各参建单位，象征整个东吴国际广场的名片。工程内分布着各种形状、大小不一的花岗岩花坛，采用不同品种的花岗岩材料，铺装工艺复杂，是整个景观工程的另一道风景。工程的各式花坛内种植的都是观赏性很强的大型乔木，其中不乏名贵古木，特别是造型罗汉松，最大的胸径达到74厘米，对于提升整个工程的品质起到了很好的作用。

南浔城市新区市民广场

建设单位　湖州南浔城市新区建设投资有限公司

设计单位　湖州园林规划设计有限公司

施工单位　湖州升浙绿化工程有限公司

监理单位　杭州市城市建设监理有限公司

起止时间　2012 年 11 月 25 日至 2013 年 5 月 30 日

工程造价　2865.35 万元

工程概况

南浔城市新区市民广场位于湖州市南浔新区，北临行政办公区，西靠财税大楼，东侧沿万顺路构建会所服务区。整个广场面积 50000 平方米，市民广场围绕“丝绸文化”为主题，分六个区域：丝绢织纹、辑丝广场、塘波花莲、文化长廊、桑基鱼塘、桑柔叠翠。工程占地面积 43375 平方米，绿化面积 23000 平方米，工程主要内容包括绿地堆坡造型、苗木种植、广场铺装、景观桥、景观小品、排水、堤防及水电安装等。工程荣获 2013 年度浙江省园林工程安全文明施工标准化工地的称号。

本项目获得2014年度浙江省“优秀园林工程”银奖

申报单位：湖州升浙绿化工程有限公司
通讯地址：湖州市湖东路455号6楼
邮政编码：313000
联系电话：0572—2072697

工程特点

南浔城市新区市民广场以中央圆形水景雕塑为中心，北部主入口是跨度为77米的活动广场，东部为以南浔丝绸文化为主题建成的历史长廊，东南部为现代莲花水景。广场东部为折线硬质广场，层层台阶引人达到亲水空间；西南部设置观赏平台，大草坪上有徐迟所作“水晶晶”诗文景观石；西部利用水与地面的高差，建成有地形变化的亲水平台。

广场建成后成为了南浔文化旅游活动的亮点，满足人们对文化景观的需求，使南浔新区拥有多种城市空间形态。在功能上为南浔人民提供了大型活动、演出、娱乐的场所。

长兴太湖新城发展大道、站前大道绿化景观工程

建设单位 浙江太湖新城实业投资有限公司
设计单位 杭州神工景观设计有限公司
施工单位 杭州汇达绿地有限公司
监理单位 长兴天元建设工程监理有限公司
起止时间 2012 年 12 月 31 日至 2013 年 3 月 30 日
工程造价 1183.38 万元

工程概况

长兴太湖新城发展大道、站前大道绿化景观工程位于长兴县太湖新城，工程总面积 47400 平方米。主要施工内容包括发展大道全长 3145 米，绿化范围为两侧各 2 米的机非隔离带及人行道行道树，其中人行道树池已建成；站前大道全长 1988 米，绿化范围为西侧 12 米绿化带，东侧 10 米绿化带；工程涉及地形整理及土地改良，植物的选择、起掘、种植、养护等。主要施工范围包括土方工程、点风景石、树池修复、检查井提升或降低、绿化工程等。工程已被评为 2013 年度浙江省园林绿化工程安全文明施工标准化工地。

工程特点

本工程以生态学和园林学科的相关理论为指导，以道路景观绿地为载体，注重引入“生态优先”等新的绿化设计理念，并强调将之与实际环境相结合，因地制宜选择树种。植物配置由大、中型植物组成，有乔木、大灌木、球类、小灌木、花卉、花境、草坪等，层次错落，疏密有序。工程同时注重色彩和季相的搭配，依靠多样性的植物配置形式和特色树种，创造出健康生动的绿色生态景观。

本项目获得2014年度浙江省“优秀园林工程”银奖

申报单位：杭州汇达绿地有限公司
通讯地址：杭州市萧山区新街镇三益线旁
邮政编码：311217
联系电话：0571—82858888

南太湖山水人家（邱城小镇三期）室外总布工程

建设单位　湖州建设房地产开发有限公司

设计单位　湖州建工设计院有限公司

施工单位　浙江湖州市建工集团有限公司

监理单位　湖州市中立建设工程监理有限公司

起止时间　2012 年 10 月 10 日至 2013 年 9 月 12 日

工程造价　893.71 万元

工程概况

南太湖山水人家（邱城小镇三期）室外总布工程位于湖州太湖旅游度假区内湖州梅西 A07–A13、A15 块，因毗邻太湖而得名。绿化面积 20000 平方米。施工内容包括工程量清单范围内的小区道路施工、种植土换填、苗木绿化、硬质铺装、园林小品、亭台水系、市政配套设施等。

本项目获得 2014 年度浙江省“优秀园林工程”银奖

申报单位：浙江湖州市建工集团有限公司
通讯地址：湖州市红丰路 1789 号
邮政编码：313000
联系电话：0572—2046466

工程特点

本绿化景观工程采用“和、静、清、寂”的景观规划理念，强调“天人合一”，即人与自然的和谐相处。小区的主要园林景观有湖中景石、亭台水榭、景观桥、假山流水、人工河等。小区的绿化配置合理，常绿树有香樟、广玉兰、桂花等；落叶树有乐昌含笑、银杏、垂柳、红枫等，形成了绿色廊道系统、生态绿化系统和树木制氧系统三大平面景观，且四季常绿，四季有景。

曼哈顿花园住宅小区景观工程

建设单位　桐乡市同盛置业有限公司

设计单位　杭州金锐景观设计有限公司

施工单位　浙江梧桐园林市政工程有限公司

监理单位　浙江耀华工程咨询代理有限公司

起止时间　2013 年 4 月 8 日至 2013 年 7 月 8 日

工程造价　2165 万元

工程概况

曼哈顿花园住宅小区景观工程位于桐乡市振东新区和平东路，建设用地面积 54584 平方米。景观工程包括绿化、铺装（包括高层架空层的地面铺装）、景观给排水、小品、景观灯、音箱、土方回填（绿化涉及的土方开挖、土方改良、填运工程）及土方平整、整形处理、苗木的养护、水电安装及两年养护等。

本项目获得 2014 年度浙江省“优秀园林工程”银奖

申报单位：浙江梧桐园林市政工程有限公司
通讯地址：桐乡市梧桐街道环城北路 328 号梧桐纺针织机械科技创业园 3 幢
邮政编码：314500
联系电话：0573—88233707

工程特点

本工程植物种植基本集中在各个住宅楼前，种植风格强调形态错落，乔木、灌木、草花、地被植物按层次分布。地被花卉以点缀为主，布置在灌木之前或之间，形成第一层次。修剪球形灌木作高低错落组团，为第二层次构成绿色骨架，量较大。花灌木的配植量少但形态错落——球形冠与瘦长形冠搭配，彩叶与绿叶搭配，形成丰富的视觉效果。工程注重“色、香、味、形、声”。色：四季常绿且要感觉出季节更替的变化。对各种植物的选择搭配要考虑到四季有花，且夏天要清雅，冬天要鲜艳。香：植物的搭配要考虑景观是否具有香气，选择梅花、蜡梅、紫薇、桂花等香花植物与无香型植物搭配种植。味：全冠移植保证了植物原汁原味的生长形态。形：曼哈顿小区严格要求成树树形的美观，在运输时做到全冠移植，有损坏就得退换，并及时跟踪苗木的成活率，甚至就植物的摆放角度也是 360 度审视，为住户展现最佳的观赏效果。声：喷泉是曼哈顿小区项目景观内运用的重要小品，设置在社区入口，景观视线焦点处，不仅是一处水景，而且能营造出水声，能听到“景观的声音”。

桐乡市庆北城市绿地工程（一标段秋韵路以北）

建设单位　桐乡市公益建设项目管理有限公司
设计单位　泛华建设集团有限公司
施工单位　桐乡市桐城景观建设有限公司
监理单位　浙江经建工程管理有限公司
起止时间　2013 年 4 月 28 日至 2013 年 7 月 11 日
工程造价　589.99 万元

工程概况

桐乡市庆北城市绿地工程（一标段秋韵路以北）位于桐乡市梧桐街道，秋韵路以北，庆丰路以西，建设规模为 50000 平方米。工程施工涉及园路景观、生态排水沟、绿化种植等综合性工程。2014 年 5 月获得嘉兴市“南湖杯”园林绿化建设优质工程的荣誉称号。

本项目获得 2014 年度浙江省“优秀园林工程”银奖

申报单位：桐乡市桐城景观建设有限公司
通讯地址：桐乡市振兴西路金 3 幢 14—16 号
邮政编码：314500
联系电话：0573—88026830

工程特点

由于施工期间为夏季，正值高温炎热季节，绿化种植工作难度非常大，为了保质保量如期完成施工任务，专门组建了项目经理部的领导班子，合理安排施工班组，科学管理，施行错温施工，加班加点，施工人员克服重重困难，整个施工过程紧张有序，在建设、监理、设计等多家单位的共同努力下，在规定的期限内顺利完成花岗岩园路铺装 2150 平方米，建造生态排水沟 860 米，栽植乔木、灌木 4052 株，各种色块、地被植物 43000 平方米，草坪 13000 平方米的工程量，苗木成活率高达 98%。工程竣工后进入后期保修阶段，在保修期内定期组织人员对绿地内道路、景观、绿化树木进行维护，特别是绿化部分，加大了后期养护力度，保证苗木的成活率，并对死亡苗木及时进行补种，目前整个绿地郁郁葱葱，树木长势喜人，达到了设计的目的，得到甲方、监理单位、市民的一致好评。

海盐绮园文昌路北侧景观工程

建设单位　海盐县城市置业有限公司

设计单位　浙江省城乡规划设计研究院

施工单位　浙江鸿翔园林绿化工程有限公司

监理单位　嘉兴市禾城工程监理咨询有限公司

起止时间　2010 年 12 月 13 日至 2011 年 11 月 30 日

工程造价　765.21 万元

工程概况

海盐绮园文昌路北侧景观工程位于海盐县武原镇文昌路以北、绮园路以东、新桥路以西，占地面积 16000 平方米。本工程是绮园文化区的重要组成部分，是海盐县“三中心”重点工程之一。工程主要包括铺装、驳岸、埠头、土方、绿化、水电；二期两张馆区域及周边的园路、小品、水系、广场铺装、景桥、景亭、绿化、土方、给排水、电气照明等。

本项目获得 2014 年度浙江省“优秀园林工程”银奖

申报单位：浙江鸿翔园林绿化工程有限公司
通讯地址：海宁市联合路 18 号
邮政编码：314400
联系电话：0573—87241202

工程特点

本工程占地面积大，施工工期较短，景点多而精致，局部工艺要求复杂，综合性较强。例如人工湖系统，包含土方、亭、桥、水电、假山、亲水平台等多种分项工程。补水源头与假山组合，亭、桥、水相互映衬，尽显精致。土方造型线条流畅，结合自然，铺装与绿化紧密结合，效果自然贴切。工程体现了园林绿化建设工程的质量管理水平。设计主题鲜明、创意新颖、富有特色，布局合理、功能健全，充分、科学地利用和保护原有地形、地貌、植物和人文景观，绿地物种丰富、形式多样，本地树种≥ 90%；园林施工符合规范，按图施工，植物材料达到质量要求，园林小品、园路铺装等附属设施符合国家标准，种植土及物理和化学性质符合要求；养护达到一定的标准规范，管理到位、养护精细，植物生长良好，修剪整齐，景观效果较好，设施完好无损，安全和防火措施落实到位。

嘉兴金都夏宫高层区景观工程二标段

建设单位　金都房产集团嘉兴置业有限公司
设计单位　浙江利恩工程设计咨询有限公司
施工单位　杭州华东市政园林工程有限公司
监理单位　杭州信达投资咨询估价监理有限公司
起止时间　2013 年 5 月 20 日至 2013 年 10 月 30 日
工程造价　678.89 万

工程概况

嘉兴金都夏宫高层区景观工程二标段位于嘉兴市南溪路与南江路交叉口，本工程景观绿化面积 11300 平方米。主要施工范围包括土方工程、绿化栽植工程、土建工程、景观小品工程、地面铺装工程、景观河工程、水电安装照明工程等。主要施工项目为种植土回填，微地形造景，园路、铁艺方亭、池石、盆景山等的施工及乔木、灌木、地被栽植，草坪铺设等。

本项目获得2014年度浙江省“优秀园林工程”银奖

申报单位：杭州华东市政园林工程有限公司
通讯地址：杭州市古运路85号古运大厦7楼
邮政编码：310011
联系电话：0571—28920111

工程特点

本工程绿地塑造地形饱满，纵横坡度和线形流畅。在整坡造型时，根据景观需求高低错落有致，突显了层次感，提升了绿化景观的围合性，整个地形起伏自然，排水顺畅。

工程种植的乔木品种有榉树、香樟、乐昌含笑、白玉兰、紫玉兰等苗木。灌木品种有紫薇、紫荆、木槿、木芙蓉、木本绣球等苗木。丛植和群植的乔木、灌木高低错落，呈曲线弧形，起伏有致。地被植物主要有玉簪、黄金菊、大花萱草、金焰绣线菊、八仙花等。分层种植的地被植物边缘轮廓种植密度大于规定密度，平面线型流畅，边缘呈弧形，高低层次分明。

水生植物的自然式种植的应用，为整个景观增添了浓浓的野趣。整个小区景观植物搭配相宜，高低错落、疏密有致，常绿灌木与花灌木比例协调，在保证观赏性的基础上也兼顾到冬季的绿化表现，形式了四季有景、三季有花的植物景观。

铺装工程在节点处的石材等材料的质感与颜色的对比上，精心选择，使线条流畅，边缘节点有规律，过渡自然。

盛世豪庭二期景观绿化工程

建设单位 嘉兴发展房地产开发有限公司

设计单位 艾斯弧（杭州）建筑规划设计咨询有限公司

施工单位 宁波市园林工程有限公司

监理单位 浙江经建工程管理有限公司

起止时间 2011 年 8 月 5 日至 2012 年 5 月 10 日

工程造价 813.56 万元

工程概况

盛世豪庭二期景观绿化工程位于嘉兴市秀洲新区，东至聚贤路，南至中山西路，西至秀洲大道，北至新平路。工程建设面积 39000 平方米。工程施工内容包括地形改造、绿化种植、园路、广场、水池、驳岸、沥青道路、景墙、花坛、水上平台、景观水池、电气照明与给排水等工程。

工程特点

本工程以硬质景观及小品构筑物等为主要景观，加以苗木种植的搭配，更好地完善硬质景观带来的硬角、死角，充分体现景观的完整效果。

色彩丰富、形态优美的植物形成了小区内植物的配置。工程采用了香樟、合欢、广玉兰、白玉兰、水杉等骨干树种，朴树、榉树、金桂、马褂木、银杏等景观大树，配合蜡梅、山茶、木芙蓉、木绣球、花石榴等花灌木，以及红叶石楠、粉花绣线菊、大吴风草、八仙花、红帽月季、水果蓝等花境植物，再力花、黄菖蒲、睡莲、花叶芦苇等水生湿生植物，将景观大树、灌木、花境以及水生湿生植物结合起来，营造出了疏密有致、层次丰富的生态意境。

小区南侧的河道边，河道驳岸以及曲桥，河道边的亲水平台，护栏及亭子是本工程亮点，通过园区内水池与景墙的相互呼应，给整个小区增加几分刚柔结合的亮点。

同时，盛世豪庭二期的多个户型都设置了景观花园入户门厅，这种将四季绿色引景入室的户型创新，不但丰富了建筑的外立面形态，更从细节处让居家业主时刻零距离接触大自然。在入户花园的绿色围绕中回家，一路感受自然、阳光、清风带来的舒适。

本项目获得2014年度浙江省“优秀园林工程”银奖

申报单位：宁波市园林工程有限公司
通讯地址：宁波市江东区中山东路705号
邮政编码：315010
联系电话：0574—87701663

东阳中天世纪花城北区高层一期景观绿化工程

建设单位　东阳市中天房地产开发有限公司
设计单位　杭州江南建筑设计院有限公司
施工单位　浙江美地园林景观工程有限公司
监理单位　浙江致远建设工程咨询监理有限公司
起止时间　2012 年 8 月 1 日至 2013 年 6 月 24 日
工程造价　1162.59 万元

工程概况

东阳中天世纪花城北区高层一期景观绿化工程位于东阳市江北新区中天世纪花城，工程总建设面积 23500 平方米。工程主要内容包括施工测量、地形整理、排水系统、给水系统、电气照明系统、小品工程 、建筑工程、绿化及养护工程等。

本项目获得 2014 年度浙江省“优秀园林工程”银奖

申报单位：浙江美地园林景观工程有限公司
通讯地址：东阳市吴宁东路 65 号 9 楼
邮政编码：322100
联系电话：0571—28057169

工程特点

本工程在尊重生态环境的基础上，注重园林植物与雕塑、花架、亭廊的合理布局。围绕大型游泳池周边，采用了各类造型石材，植物配置上运用了亚热带华棕、铁树、加拿利海枣等树种，让人感受到浓浓的海洋气息。工程空间结构合理，景观序列清晰，突出了设计的空间递进层级关系，景观布局手法与建筑风格相响应。主要景观元素的尺度把握适宜，通过精心施工得到充分展现。同时，通过适度控制软质、硬质景观的比例，使得整个园区层次丰富，极富美感。无论从设计理念到施工工艺，或是从整体布局到细节控制以及景观维护，都做到了尽善尽美。

银

优秀园林工程

金义都市新区金港大道、金山大道 I 标绿化景观工程 BT 项目

建设单位　金华田园智城开发建设有限公司

设计单位　金华市城市规划设计院

施工单位　东阳市中驰生态建设股份有限公司

监理单位　浙江致远建设工程咨询监理有限公司

起止时间　2013 年 2 月 20 日至 2013 年 12 月 31 日

工程造价　7398.6 万元

工程概况

金义都市新区金港大道、金山大道 I 标绿化景观工程 BT 项目位于金华市金义都市新区，是一个综合性的园林工程，其中金港大道长 7.2 千米，金山大道 I 标长 1.28 千米。本工程主要施工部位为全线中央分隔带、机非隔离带、人行道和人行道外侧 22 米绿化带，绿地面积 239530 平方米，铺装面积 69118 平方米。主要施工内容包括土方造型、给排水系统、景观照明、园林小品、钢结构安装、广场铺砖及环保设施、绿化苗木种植及养护等工程。

本项目获得 2014 年度浙江省“优秀园林工程”银奖

申报单位：东阳市中驰生态建设股份有限公司
通讯地址：东阳市望江北路 11 号
邮政编码：322100
联系电话：0579—86501093

工程特点

在绿化工程中，施工单位结合多年绿化施工经验，无论在植物配置还是新技术的综合运用上，都充分发挥了积极的主观能动性，使道路绿化景观得到了质的提升。成活率高、规格统一、色块协调、造型雅致是工程的主要特色。经过精心挑选，树形、胸径等规格统一，整体齐整；通过反复比较研讨，灌木色块与整体搭配协调，配合浓郁文化内涵的侧石陈设，营造出优雅宜人的整体效果。同时在施工过程中严格按照设计图纸，整个工程植物配置错落有致，观花与观叶、常绿与落叶植物相结合，做到了三季有花、四季常青的景观效果。本工程不仅景观要求高，且施工任务重，在施工阶段，合理划分施工区域，均衡生产，分阶段控制施工工期，确保工程施工总工期。同时通过严密的组织管理，优质的施工方案，合理降低工程造价，控制施工成本。

银
优秀园林工程

石梁溪玫瑰园二、三期绿化、景观工程

建设单位 衢州市龙凤房地产开发有限公司
设计单位 上海意格环境设计有限公司
施工单位 浙江衢州九合环境建设有限公司
监理单位 浙江正和监理有限公司
起止时间 2011 年 1 月 17 日至 2011 年 9 月 26 日
工程造价 1109.79 万元

工程概况

石梁溪玫瑰园二、三期绿化、景观工程为石梁溪玫瑰园的配套工程位于衢州市衢石公路七公里处北侧。景观面积 49908 平方米。工程内容包括庭院内绿化、铺装，庭院外绿化、铺装、道路、旱溪等。

本项目获得 2014 年度浙江省“优秀园林工程”银奖

申报单位：浙江衢州九合环境建设有限公司
通讯地址：衢州市柯城区财富中心 3 幢 9 楼
邮政编码：324000
联系电话：0570—8870507

工程特点

本工程设计采用欧式风格，施工要求较高，在选材上，专门挑选黄色、红褐色系的陶土砖、仿古陶板、黄锈石、黄木纹板岩、砂岩等天然石材，以配合欧式大气的铺装、喷泉雕塑、椭圆形的庭院水景、花坛等。

工程水景以板岩文化石为背景，瀑布在砂岩雕塑中像喷泉般冒出，经过砂岩水盆的溅滤，流至池底花砖上，画面生动活泼，风格独特。

工程用档次较高的黄锈石铺设地块，用黄木纹板岩铺设汀步小径，中间间铺草坪或雨花石，大方、大气、雅致；使用菠萝格搭建水系平台地板及栏杆扶手，外贴文化石，厚积、厚实、厚重。

在苗木的配置上，玫瑰园整体以丰富、珍贵的乔木、灌木植被为主，将黄金菊、水果蓝、美女樱等作为地被植物，活泼、活跃、富有活力，色彩丰富，根据地形，追求自然，营造一种恬静悠然、怡神舒畅的环境。

在植被造型上，工程运用乔木、灌木、藤本及草本植物等各类题材，充分发挥植物的形体、线条、色彩等自然美来创作植物景观。整体以乔木作为绿化的骨架，常绿树种与落叶树种合理搭配，模拟自然森林的群落进行配置。

在亲水景观的造型上，工程以叠石为主，配以各种小碎石或鹅卵石，周边栽植不同品种的水生植物，勾勒出自然美。

园林小品是园林工程的点缀，是工程的亮点，特别是观景台、廊架、景观石的施工，为工程的美观效果增添了色彩。

南塘街风貌区北段景观及河岸修复工程

建设单位　温州市安居房开发有限公司
设计单位　温州建筑设计研究院
施工单位　宁波园冶生态建设有限公司
起止时间　2011 年 4 月 4 日至 2012 年 8 月 9 日
工程造价　1461.03 万元

工程概况

南塘街风貌区北段景观及河岸修复工程位于温州市南塘街。工程范围：锦绣路至划龙桥路河堤及 1—3 号楼，4—7 号楼和入口广场，护岸全长 1015 米。南塘街风貌区北段 1—7 号楼室外园林景观、绿化工程主要内容包括道路、广场、沿河驳岸及各亲水平台、游船码头，水景、小品、亭廊等园林建筑，绿化种植、配套给排水等，绿化面积 4437 平方米。工程为市政园林景观工程，其施工目的也是为市民提供良好的健身休闲娱乐场地，衬托出优美的环境。主要工程内容有土方、场地整理、护岸、景观园林及园林绿化、给排水安装、照明工程、钻孔桩基础、土建等。

本项目获得2014年度浙江省“优秀园林工程”银奖

申报单位：浙江园冶生态建设有限公司
通讯地址：杭州市萧山区民和路500号民企大厦A幢24F
邮政编码：311580
联系电话：0571—83517878

工程特点

本工程建成后，南塘街风貌区将成为温州风情第一街，城市旅游第一站，都市文化休闲首选地，并成为温州永不落幕的拦街福和东瓯版的清明上河图。因河而兴、以文为荣的南塘街，自南宋淳熙十四年（1187年），温州到瑞安30000米的河道整治疏浚完成。从此，南塘河（即今日之温瑞塘河）成为温州名实相符的大运河、母亲河，并留下“南塘驿路”、“百里荷花”的千古美誉。为了使工程能达到设计效果，重现一千年前的繁荣景象，在选苗、运苗、种植的过程中严格按照施工规范，保证各类苗木的成活率，做到苗木品种正确无误，生长旺盛，姿态丰满，品种优良，使绿化达到预期效果。

银
优秀园林工程

温州市瓯海大道西段快速路景观绿化工程

建设单位　温州市中兴园林绿化有限公司

设计单位　厦门中易城市景观艺术有限公司

　　　　　福建怡闽风景园林规划设计有限公司

施工单位　永嘉县原野园林工程有限公司

监理单位　上海凯悦建设咨询监理有限公司

起止时间　2012 年 11 月 22 日至 2013 年 10 月 25 日

工程造价　6449.96 万元

工程概况

温州市瓯海大道西段快速路景观绿化工程位于温州市瓯海大道，西起蟠桥，东至阿外楼前，总长度 11 千米，主要施工内容包括绿化种植、土建（园路铺装、廊架等）、给排水、夜景照明等部分。其中绿化面积为 269702 平方米，共栽植乔木 13000 株、灌木 9500 株、色带植物 190000 平方米、草坪 80000 平方米。工程实行 BT 模式建设。

本项目获得 2014 年度浙江省“优秀园林工程”银奖

申报单位：永嘉县原野园林工程有限公司
通讯地址：永嘉县瓯北镇罗马城 13 幢 307 室
邮政编码：325102
联系电话：0577—67991819

工程特点

本工程为道路及高架桥快速路附属绿地绿化工程，具有鲜明的带状特征，分成道路中分带、侧分带、边分带三个部分。一部分路段采用自动喷灌系统对植物进行养护，是道路绿化实行节能减排的有益尝试，减少了人工费用，节约了水资源，同时也避免了因人工浇灌带来的安全隐患。

绿城温州海棠湾中轴景观工程

建设单位 温州绿城发展房地产开发有限公司

设计单位 浙江绿城景观工程有限公司

施工单位 万源生态集团有限公司

监理单位 浙江江南工程管理股份有限公司

起止时间 2013 年 5 月 30 日至 2013 年 9 月 26 日

工程造价 1500 万元

工程概况

绿城温州海棠湾中轴景观工程位于温州市龙湾区瓯海大道以北，龙海路、龙祥路交叉口，施工面积 15000 平方米。施工内容包括土方工程、绿化工程、安装工程、土建工程等。

工程特点

土建部分。施工图范围内所有的硬质景观，包括硬质铺装、水景制作、围墙、木平台、树池、沿湖驳坎及防水、庭院内各类窨井升降等。庭院内雨、污、废水、景观给排水管线，组团或小区公共道路的硬质铺装、人行道的路面铺装。以及给排水系统及室外照明、绿化喷灌、绿地排水系统、水系净化设备等系统管道工程。

苗木种植主要包括乔木、亚乔木、灌木、地被植物、藤本植物、草坪、水系植物等植物栽植，绿化营养土回填、垃圾清运。

本项目获得 2014 年度浙江省“优秀园林工程”银奖

申报单位：万源生态集团有限公司
通讯地址：温岭市泽国镇长泾路（温岭市原种植场内）
邮政编码：317523
联系电话：0576—86448339

银
优秀园林工程

温岭市中华路中间及两侧隔离带提升工程

建设单位 温岭市九龙汇开发建设有限公司
设计单位 温岭市规划设计院
施工单位 温岭市园林工程公司
监理单位 台州恒信工程监理有限公司
起止时间 2013 年 10 月 12 日至 2013 年 11 月 26 日
工程造价 674.75 万元

工程概况

温岭市中华路中间及两侧隔离带提升工程位于温岭市中华北路（起点为河滨路，终点至中心大道），完成绿化整地总面积 18700 平方米，其中中间绿化带完成整地面积 5172 平方米，两侧绿化带完成整地面积 13528 平方米。中间绿化带种植的乔木有多头铁树、香樟、香泡、丹桂、高干红叶石楠、红枫、鸡爪槭等，种植的桩景造型树有造型罗汉松、造型红花檵木桩，种植的球类有红花檵木球、无刺枸骨球、茶梅球、瓜子黄杨球、红叶石楠球、杜鹃球等，种植的色块植物有春鹃、夏鹃、黄金菊、小茶梅、六月雪、丰花月季、红叶石楠、金边黄杨、小叶女贞、红花檵木、小叶栀子、南天竹、红王子锦带等，种植的草皮为果岭草坪。回填绿化种植土 9350 立方米。两侧隔离带种植的乔木为胸径 20 厘米的银杏。温岭市中华路中间及两侧隔离带提升工程荣获 2014 年度台州市优秀园林工程奖。

本项目获得 2014 年度浙江省“优秀园林工程”银奖

申报单位：温岭市园林工程公司
通讯地址：温岭市城东街道下保路 118 号
邮政编码：317500
联系电话：0576—81698608

工程特点

本工程的城市道路系统规划、设计、施工非常到位，道路中人流、车流各行其道，非常有序，提高了城市的交通效率。工程绿化量大、品种多、层次丰富、林荫效果突出，整个道路绿地与城市绿地自然地融为一个有机的整体，真正形成“路在绿中、车在绿中、人在绿中”的生态效果。

本工程绿化内容丰富，配置形式多样，提升工程最大的特点是以植物造景取胜，施工中充分运用丰富的植物资源，组成各种专类组团，并以植物结合地形起伏来分隔空间，使园林景色更趋自然。本工程在植物空间配置多种植物景观，为保证能充分体现植物造景，在种植时有的放矢。孤植树均种植于突出其最佳树姿的位置，并加以景观石来点缀；自然丛生树，种植时高低搭配有致，反映树丛的自然生长景观；林植树种植时，注重不同树种间的共生共荣，体现密林景致；密植花木种植时，注重冠冠之间的连接、错落和裸土的覆盖，显示群植的最佳绿化效果。

绿城・台州玫瑰园初阳苑 02 标段景观工程

建设单位 台州市吉利嘉苑房地产开发有限公司

设计单位 浙江普天园林建筑发展有限公司

施工单位 浙江三叶园林建设有限公司

监理单位 台州市建设咨询有限公司

起止时间 2013 年 9 月 20 日至 2014 年 4 月 9 日

工程造价 790.27 万元

工程概况

绿城・台州玫瑰园初阳苑 02 标段景观工程位于台州市路桥区螺洋街道上保村，是路桥区品质最高端的住宅别墅小区。项目总景观面积 35000 平方米，其中 02 标段景观面积 12200 平方米，包括景观大道及别墅区景观，其中硬质景观面积 5400 平方米，绿化面积 6800 平方米。工程景观的主要内容包括法式别墅 7 号、8 号、9 号、10 号、18 号、19 号、20 号、21 号、29 号、30 号楼庭院景观；图纸包括的所有草坪、花卉、树木的种植，水系、硬质铺装、构筑物、小品营造、照明、给排水安装以及土方平整、场地清理、垃圾外运等。

工程特点

绿城·台州玫瑰园初阳苑 02 标段景观工程是以打造台州乃至浙江地区顶级品质别墅小区为目标，整个园区绿化覆盖率高，主干道两侧以胸径 28 厘米的银杏和胸径 30 厘米的大香樟配以桂花等树木，标准化双向车道柏油马路直通每一户业主家中，交通十分便捷。园区整体给人一种简约而不简单的风格，富有清新宜人之感。

本工程利用植物体量、质地、色彩差异组合的造景，创造生动活泼、丰富多样且又富有自然情趣的植物景观。利用植物不同的生长特征，使园区景观形成群落丰富的季相变化，让居于其中的住户能从植物花开花落的过程中感受季节的更替，感受大自然的神奇，享受生活的乐趣。高大的常绿乔木为背景，低矮的小乔木和灌木则为前景树，翠绿柔软的草地向周边过渡，工程通过植物的高低变化，形成植物群落丰富的横向层次感和纵向进深感，不断转换的空间层次使植物景观观赏性更强。

精心制作的景观小品、气势宏大的木廊架、匠心独运的景观游泳池，倒 U 形独特设计的拱门，个性化的装饰门背景墙，营造出富有自然的情景化生活，体现了别墅的档次。

中轴线也是初阳苑景观的一大特点，两边高低错落有序的乔木、灌木，配置大桂花树与硬质铺装的自然精致，与周围景观和谐相融，营造出生态自然的景观效果。

本工程建成后，创造了一个环境优美，空气清新，阳光充沛，人与自然和谐共处的人工自然环境，使居民足不出户，就能感受自然生态的环境，为居民提供良好的休闲的场所。

本项目获得 2014 年度浙江省“优秀园林工程”银奖

申报单位：浙江三叶园林建设有限公司
通讯地址：绍兴市上虞区百官工业园区
邮政编码：312300
联系电话：0575—82120348

银

优秀园林工程

九华山大愿文化园二、四标绿化工程

建设单位　安徽九华山旅游集团有限公司

设计单位　东南大学建筑设计研究院有限公司

施工单位　浙江沧海市政园林建设有限公司

监理单位　安徽省建设监理有限公司

起止时间　2010 年 11 月 8 日至 2012 年 1 月 18 日

工程造价　3300 万元

工程概况

九华山大愿文化园二、四标绿化工程位于安徽省池州市，是九华山金地藏菩萨铜像景区的重要组成部分，和无相寺、柯乔门坊、云峰桥、老田吴古村落等自然人文景观构成了以九十九米高的世界最高露天铜像——金地藏菩萨铜像景区为核心的国际级佛教朝拜圣地。工程总面积 233941 平方米。工程施工内容包括土方工程、园路建设、绿化施工、排水及部分设施安装等，工程中主要种植的苗木有乔木、灌木、竹类、水生植物和地被植物五个大类。共种植银杏、香樟、玉兰、红果冬青、三角枫、黄山栾树、桂花等大小乔木 13000 株，种植红叶石楠、红花檵木、珊瑚、美人蕉、金森女贞、毛鹃、金钟、海棠等大小灌木 114 万余株，种植菖蒲、荷花、睡莲等水生植物 1 万余丛，种植南天竹、刚竹、金镶玉竹等竹类植物 3700 余株，还种植了各类地被植物，如草花、果岭草、三叶草等。正是由于种植了这些和原来九华山山林树种相吻合的树种，在此基础上，同时也丰富了植物的多样性，此外种植了季相特色十分明显的观果树种。

本项目获得2014年度浙江省“优秀园林工程”银奖

申报单位：浙江沧海市政园林建设有限公司
通讯地址：宁波市鄞州区宁横路1688号
邮政编码：315105
联系电话：0574—28836638

工程特点

本工程景点布置体现自然风光。上下湖山石水系，湖河的两岸全都用本地产的天然石材堆叠而成，一方面突出了本地的特色，另一方面也体现了绿色、环保的施工理念。工程同时还在两岸种植各有特色的、立体交错的植物，配以潺潺流水声，形成一种动静结合的世外桃源。为方便游客通行，桥上还配有各种风格的观景桥和木栈道，与湖岸景色交相辉映。

与地藏王菩萨的文化背景相呼应，景区在规划、建设中巧妙地实现了传统佛教文化与九华山自然景观的完美结合，将传统建筑艺术与现代设计理念有机融合。如本标段施工范围内的九子袈裟广场，以简洁又富有层次变化的表现手段，展现了九华山中最美丽的九座山峰，与传说中的金乔觉用袈裟向空中一挥，便罩住了九十九座山峰的故事相呼应。行廊广场内四周的浮雕群，配合四周的景观绿化，也向人们讲述了地藏王菩萨的文化渊源和发展历史。

因地制宜，随坡而就。本标段范围内的长斜坡段，施工作业面坡度均在40°以上，在种植草皮时无法按照平地常规的施工方法进行种植。为避免斜坡上水土流失，在施工中，工程根据地势条件，合理设置了排水系统，同时在上面种植适合当地气候条件的爬根类草种来固定斜坡土壤。在精心的养护之下，目前草坪长势良好，游客们放眼一望，心情豁然开朗，给人一种一马平川的视觉效果。

黄山纳尼亚小镇五星级酒店及商业街园林绿化景观工程

建设单位　黄山市金龙房地产开发有限公司
设计单位　北京中外建筑设计有限公司
施工单位　杭州绿风园林建设集团有限公司
监理单位　浙江华诚工程管理有限公司
起止时间　2012 年 10 月 20 日至 2013 年 4 月 28 日
工程造价　973.19 万元

工程概况

黄山纳尼亚小镇五星级酒店及商业街园林绿化景观工程位于安徽省黄山市徽州区 205 国道旁，交通四通八达。开发建设项目集旅游、度假、休闲、娱乐、居住等多种功能于一体。项目园林绿化景观工程施工面积 22000 平方米，主要施工内容包括 LD-6.01 水景及周边铺装、沥青道路、停车场、西段商业街部分铺装及挡墙、停车场旁绿化等。

本项目获得2014年度浙江省“优秀园林工程”银奖

申报单位：杭州绿风园林建设集团有限公司
通讯地址：杭州市滨江区科技馆街1491号金龙大厦28楼
邮政编码：310052
联系电话：0571—86985800

工程特点

本工程包含有多个喷泉。喷泉池底、池壁防水层的材料，选用了防水效果较好的卷材。水池的进水口、溢水口、泵坑等设置在池内较隐蔽的地方，泵坑位置、穿管的位置宜靠近电源、水源。因此，水池的排水设施一定要便于人工控制。喷泉完全是靠设备制造出水量的，对水的射流控制是关键环节。

工程涉及的景观材料包括乔木和灌木，材料员对苗木进场的验收严格把关，从种植材料的选择、种植土壤的处理、苗木的运输与假植、种植穴和土球直径、种植前的修剪及种植等方面严格把关，做到植株新鲜、无脱水、无病虫害、无枯死现象，土球符合栽植要求，从而尽可能地提高种植的成活率。苗木规格符合设计要求，不偏冠、缺冠；要求根系完整、枝干健康、造型完好。树木、花卉、草坪的养护期为两年，并确保苗木的成活率。

镇江沃得兰亭墅园林景观工程

建设单位　江苏沃得房地产开发有限公司

设计单位　福建阿特贝尔景观设计有限公司

施工单位　杭州三江园林绿化工程有限公司

监理单位　镇江振润建设监理咨询有限公司

起止时间　2013年6月30日至2013年11月30日

工程造价　1440万元

工程概况

沃得兰亭墅园林景观工程位于江苏省镇江市丹徒新区十里长山（米芾公园附近），是一个小区绿化工程。本工程是一个山地别墅项目，绿化面积25580平方米，主要包括主入口、水系、别墅庭院及部分公共区域绿化工程。

本项目获得 2014 年度浙江省“优秀园林工程”银奖

申报单位：杭州三江园林绿化工程有限公司
通讯地址：杭州市萧山区闻堰镇湘湖路 3333 号
邮政编码：310013
联系电话：0571—87988840

工程特点

本工程苗木种植主要围绕小区道路及水系展开施工，植物搭配注重：层次感：植物按照大中小进行层次搭配，选用不同的乔木、亚乔木、球类、灌木；群落性：在一种植物的周边可以看到同种植物的存在，三五成群；色彩感：采用各种色叶植物进行搭配，主要包括绿色、黄色、红色、粉红色、紫色等；多样性：采用了多种植物，现场品种有 100 种，形成小区的植物比较丰富的状态。围绕这一思路，施工中追求更多的细节，做到各种灌木的层次感及与草坪之间的林缘线清晰可见，植物色彩丰富，以此满足整个小区的景观效果。

利用植物形成围合空间，形似一道绿色景观墙。工程为纯绿化项目，小区绿化施工采用自然式植物搭配，使用苗木品种较多，主要包括：香樟、银杏、朴树、榉树、香泡、乐昌含笑、杜英、广玉兰、白玉兰、紫玉兰、柿子树、栾树、无患子、乌桕、榔榆、垂柳、池杉、水杉等乔木；桂花、红枫、鸡爪槭、早樱、晚樱、垂丝海棠、西府海棠、红叶李、杨梅、枇杷、花石榴、果石榴、碧桃、蜡梅、茶花、樱桃、石楠、罗汉松、红叶石楠柱、棕榈、梅花、紫薇、山楂、木芙蓉、木槿、丁香、紫荆、苏铁、紫竹、刚竹、孝顺竹等亚乔木；红叶石楠球、含笑球、金叶女贞球、瓜子黄杨球、海桐球、红花檵木球、无刺枸骨球、龟甲冬青球、茶梅球、金边黄杨球等球类树种；珊瑚、金丝桃、八宝景天、绣线菊、茶梅、紫鹃、月季、毛鹃、金叶女贞、金森女贞、金边黄杨、红花檵木、红叶石楠、地中海荚蒾、六月雪、桃叶珊瑚、南天竹、大叶黄杨、矮生紫薇、八仙花、瓜子黄杨、龟甲冬青、红瑞木、丝兰、栀子花、黄馨、水果蓝、葱兰、锦带、八角金盘、贴梗海棠、海桐、铺地柏、紫罗兰、爬山虎、麦冬等灌木和草本植物；美人蕉、鸢尾、千屈菜、水葱、菖蒲、再力花、花叶芦苇、雨久花、睡莲等水生植物；草坪为百慕大混播黑麦草。

胶州湾产业基地如意湖北片区绿化景观工程及胶州湾产业基地如意湖北路工程

建设单位 青岛中浙实业有限公司
设计单位 天津泰达园林规划设计院
施工单位 浙江园冶生态建设有限公司
监理单位 天津开发区建设工程监理公司
起止时间 2010年11月15日至2011年5月20日
工程造价 15992.98万元

工程概况

胶州湾产业基地如意湖北片区绿化景观工程及胶州湾产业基地如意湖北路工程位于山东省青岛市，占地面积367000平方米，其中，市政道路工程沥青面层14000平方米，驳岸2.2千米，景观铺装53000平方米，会所一座，建筑面积1000平方米，绿化面积300000平方米。主要工程内容包括土建部分、水电部分和绿化景观部分。其中土建部分工程内容为道路、广场铺装、会所、驳岸、管道工程等，水电部分工程内容为供水线路、供电主电缆、路灯及景观灯等，绿化景观部分工程内容为乔木和灌木种植、地被种植、园艺小品等。

本项目获得2014年度浙江省“优秀园林工程”银奖

申报单位：浙江园冶生态建设有限公司
通讯地址：杭州市萧山区民和路500号民企大厦A幢24F
邮政编码：311580
联系电话：0571—83517788

工程特点

回填种植土工程完成后，施盐碱地专用有机肥（以干基计，总养分≥5%、有机质≥30%），施用量8.0千克/平方米。肥料均匀撒施在种植土表面，并与500毫米厚的表层种植土掺拌均匀，并平整地面。

滴灌的特点是灌水量小。因此，一次灌水持续的时间较长，灌水的周期短，可以做到小水勤灌，使淡水均匀地渗入土壤，水沿土壤颗粒的空隙下渗，将土壤中的盐溶解带走，使土壤盐分降低。有效避免了大水漫灌造成的土壤沉降板结，不影响土壤结构，使植物根系呼吸顺畅，避免内涝影响植物生长，此种灌溉方式不但可快速降低土壤含盐量，也不会造成土壤板结和水源的浪费，是沿海地区盐渍土改良绿化的重要技术措施。

在防盐、排盐、控盐工程的技术环节中，排盐管是最为常用的一环。通过滴灌下渗的盐水由排盐管收集，排入江河湖泊。排盐管是一种埋在土壤内的带有很多小孔的管道，具有很高的表面渗水能力和内部通水能力，土壤中的水分会渗透至管道内，然后流走。治理盐碱地时，洗过盐碱地的咸水即由此排走。

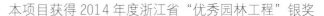

香山美墅项目示范带室外环境景观工程

建设单位　青岛泰德置业发展有限公司
设计单位　青岛境语景观规划设计有限公司
施工单位　浙江天工市政园林有限公司
监理单位　青岛高科园监理有限公司
起止时间　2011 年 9 月 1 日至 2012 年 2 月 15 日
工程造价　802.75 万元

工程概况

香山美墅项目示范带室外环境景观工程位于山东省青岛市，南接银川西路，西靠浮山香苑。项目占地 83000 平方米，总建筑面积 110000 平方米。工程内容包括场地平整，种植土购买、摊铺、平整及整形；苗木栽植、铺装、园路、排水沟、挡土墙、围墙、栏杆及绿化的保活养护工作等。香山美墅整体采用德式风格，外立面设计庄重典雅、气度不凡。香山美墅内部拥有四重园林景观，与外部的三重生态景观形成呼应，构成丰富多彩的独特景观园林，并利用自然落差，成为首个在青岛打造出德式田园风格小区的项目。七重景观，重重不同，实为稀有。

本项目获得2014年度浙江省“优秀园林工程”银奖

申报单位：浙江天工市政园林有限公司
通讯地址：杭州市西湖大道18号新东方大厦B座1501室
邮政编码：310009
联系电话：0571—28179516

工程特点

本项目依山而建，巧妙利用地势高差，营造出一个景观丰富的坡地建筑群，与浮山香苑紧密结合，并将浮山美景呈现在面前。

项目内部拥有四重园林景观，与外部的三重生态景观形成呼应，构成丰富多彩的独特景观园林，并利用自然落差，首次在青岛打造出德式田园风格。七重景观，重重不同，实为稀有。香山美墅项目还特别点缀了啤酒桶小品，并种植丛生的白桦树，体现了项目所在地青岛的特色。

香山美墅，东临百亩天然生态“环湖公园”，环湖公园水清浪碧，可泛舟可垂钓；西融千亩“浮山香苑”——首个城市山体生态公园，四季飘香，以蜡梅、玉荷花、山茶、樱花、桂花等主题花卉形成“十二香园”，观香花、闻香味、吃香餐、喝香茶、走香径、栖香居、沐香浴；南面三千亩“果艺园”，集生态体验、休闲观光、运动健身为一体。项目定位“城央生态区”，于繁华都市中私藏四季芳华，吐纳珍稀鲜氧，涵养望族家蕴，如此尊崇生活，只在香山美墅。

绿城·青岛理想之城金水桥两侧绿化恢复工程

建设单位　青岛绿城华川置业有限公司
设计单位　深圳市博澳美地旅游景观设计有限公司
施工单位　浙江天工市政园林有限公司
监理单位　青岛雍达建设监理有限公司
起止时间　2011 年 8 月 1 日至 2012 年 12 月 15 日
工程造价　1227.23 万元

工程概况

绿城·青岛理想之城金水桥两侧绿化恢复工程位于山东省青岛市铜川路东侧，南北横跨金水路，整体地形呈东北高、西南低的态势。占地面积 63000 平方米，其中水域面积 26000 平方米，绿地面积 37000 平方米。建设内容包括场地整理、土方换填、乔木栽植、绿化养护等，打造宜人的生态绿地。项目还将对金水桥两侧进行综合治理，绿化美化。工程的硬质景观涉及的分项工程较多，主要有道路、广场、停车位、钢结构桥、景墙、树池、坐凳、栏杆护手、围栏、挡土墙、跌水、水池等。

本项目获得 2014 年度浙江省“优秀园林工程”银奖

申报单位：浙江天工市政园林有限公司
通讯地址：杭州市西湖大道 18 号 B1501
邮政编码：310009
联系电话：0571—28037766

工程特点

本工程设计定位为城市中心的湿地森林公园，工程运用现代景观设计手法，充分挖掘自然景观特点，融合山区森林景观、农田花园景观、滨水湿地景观的特色，将项目打造成具有国际水准、本土优势的城市湿地森林公园。

在绿化设计上，工程以本土优势树种为基调，常绿树种与落叶树种相结合，乔木、灌木、草坪合理搭配，种植色叶树、花卉及水生植物。

工程可以看到人性化的设计，如无障碍的阶梯设计，方便轮椅、婴儿车自在地上下游玩公园；项目内的休闲小广场，白天是小孩子的乐园，到了晚上，是附近居民们锻炼身体的用武之地；工程连扶手都做了特别的设计，将传统扶手从直线变成曲形，让人产生眼前一亮的感觉，还具有一定的使用功能，在游客累的时候，可以让人坐着休息一下。走在公园内，可以感受到地形的高差带给人眼观感的差别，能看到层次丰富、高低错落、富有自然野趣的植物群落与山水画面，让常居于钢筋水泥城中的人们找到心灵上的安详。

金昌白鹭金岸滨河路场外景观工程

建设单位　亚太金昌控股有限公司

设计单位　杭州安道建筑规划设计咨询有限公司

施工单位　绍兴市第一园林工程有限公司

监理单位　山东天元建设工程监理有限公司

起止时间　2011 年 10 月 20 日至 2012 年 7 月 20 日

工程造价　约 2000 万元

工程概况

金昌白鹭金岸滨河路场外景观工程位于山东省临沂市金九路与滨河大道的交汇处，总工程面积 38000 平方米，其中绿化面积 22000 平方米，其余铺装等面积 16000 平方米。工程建设内容包括绿化种植、园路铺装、园林景观构筑物、园林给排水、园林电气等项目。

本项目获得2014年度浙江省“优秀园林工程”银奖

申报单位：绍兴市第一园林工程有限公司
通讯地址：绍兴市宣化坊1号
邮政编码：312000
联系电话：0575—85117968

工程特点

绿化工程是白鹭金岸景观的重点之一。工程旨在为广大业主营造一种回归自然的和谐的生态环境，运用园林绿化造景与道路建筑的有机结合来美化环境。绿化工程在专家的悉心指导下，以人和环境的和谐结合为设计理念，种植绿化苗木以乡土树种为主，以大规格乔木为骨架，地表以各种色块类植物覆盖，辅以人工地形改造，形成高低有序、错落有致的植物景观。工程采用的植物品种丰富，有榉树、女贞、银杏、槐树、广玉兰、雪松、十大功劳、红叶石楠等上百个品种，做到常绿和落叶树种错落有致，色块和草花搭配有序，与周围环境融为一体，十分和谐。

工程施工中广泛采用了新材料、新工艺、新设备，如在水池施工中采用的沃瑞艾防水抗渗剂、万合防水（有机硅高效浓缩防渗原液）、HDPE防渗膜、双轨和单轨焊机、PIR真空盒、PVP真空泵、PN测漏针等，有关技术工艺，均由相关技术培训合格的技术人员进行操作。石材铺装勾缝采用灰浆挤压控制灌注工艺，有效解决了勾缝饱满度、均匀性及灰浆外溢，污浊板面，难控制的通病。大树移植采用了新技术、新工艺、新材料：泥球起掘采用木箱吊装法，种植时做好树穴沙石滤水层与透气管，调施植物生根粉，用“国光”营养液等。

泸州市玉带河湿地公园（一期）

建设单位 泸州市风景园林管理局
设计单位 四川省林业勘察设计研究院
施工单位 杭州市园林绿化股份有限公司
监理单位 四川江阳工程项目管理有限公司
起止时间 2013年8月1日至2014年5月16日
工程造价 4190.67万元

工程概况

泸州市玉带河湿地公园（一期）工程位于四川省泸州市蜀泸大道旁，与泸州医学院城北校区相连，整个绿化面积220000平方米，本项目包括景观绿化工程和截污干管工程。景观绿化工程包括主入口、眺望台、次入口、林荫道、百花园等，新增项目有曲桥、平桥、景观亭、拱桥及拦水坝。截污干管工程包括DN600—DN900玻璃钢夹砂管、混凝土检查井、倒虹井、跌水井、边坡防护等。

本项目获得2014年度浙江省“优秀园林工程”银奖

申报单位：杭州市园林绿化股份有限公司
通讯地址：杭州市凯旋路226号6楼-8楼
邮政编码：310020
联系电话：0571—86095666

工程特点

工程在主公园内进行河道整治及修理，主要为建造成一个湿地公园；绿化以丛林式的特色来体现，草坪面积较大，给人一种轻松自在、悠闲、心情舒畅的感觉；眺望台是周围居民们主要的活动场所，傍晚时分，大家聚集在此跳舞、锻炼，十分热闹；站在眺望台上看对面的风景，河流、曲桥、亭子、拱桥、平桥以及绿色的“丛林”和草坪，吹着微风，感受着春天的气息，多么令人陶醉；湖心岛四周都由水系包围着，站在湖心岛上眺望四周，结合丛林式的绿化，大面积的草坪，会有一种心旷神怡的感觉。

秦皇岛经济开发区深河环境改造工程

建设单位　秦皇岛经济技术开发区城市发展局
设计单位　城市建设研究院浙江分院
施工单位　杭州萧山凌飞环境绿化有限公司
监理单位　河北省冀咨工程监理有限责任公司
起止时间　2011 年 9 月 22 日至 2012 年 3 月 19 日
工程造价　36867.78 万元

工程概况

秦皇岛经济技术开发区深河环境改造工程位于河北省秦皇岛经济开发区西区滇池路以西，深河环境改造工程施工总面积 463000 平方米，河道单边总长 2.3 公里。其中绿地面积 235000 平方米，水体面积 190000 平方米，硬质景观 46000 平方米。施工内容有土方工程：包括河道开挖、清淤，堆山造型、建筑物的基础土方开挖等。

本项目获得2014年度浙江省“优秀园林工程”银奖

申报单位：杭州萧山凌飞环境绿化有限公司
通讯地址：杭州萧山经济技术开发区建设四路88号
邮政编码：311215
联系电话：0571—22809805

工程特点

本工程为大型综合性园林工程，施工点多面广，工艺复杂，涉及的工种多，施工组织管理难度大，造景要求高。为使工程尽可能完美，在总体景点的设置和绿化种植的过程中着力营造人与自然亲密接触的生态空间，能够在工程的实施过程中注重华北地区的乡土树种的应用，如种植了香花槐、樱花、海棠、玉兰等各种大中型乔木12000株，灌木、藤本、地被等植物品种100种，色块小苗1650000株，铺植草坪130000平方米。使其呈现出了既色彩斑斓又绿意盎然的效果，成为开发区居民业余时间休憩的滨河公园。

柳州至南宁高速公路服务区改扩建工程宾阳服务区景观绿化、装饰装修、智能化及电气工程№ 3 标段

建设单位　广西交通投资集团南宁高速公路运营有限公司
设计单位　广西华蓝设计（集团）有限公司
施工单位　浙江跃龙园林建设有限公司
监理单位　南宁八桂建设监理有限责任公司
起止时间　2012 年 6 月 29 日至 2013 年 3 月 6 日
工程造价　2949.34 万元

工程概况

柳州至南宁高速公路服务区改扩建工程宾阳服务区景观绿化、装饰装修、智能化及电气工程№ 3 标段位于广西柳州至南宁高速公路的宾阳服务区。工程为№ 3 标段，即柳州至南宁高速公路服务区改扩建工程宾阳服务区景观绿化、装饰装修、智能化及电气工程。工程内容包括绿化、硬质铺装、家具小品、水景、给排水、室内装修以及相关的水电铺设、总平弱电系统、智能配电系统、综合布线系统、有线电视系统、安全防范系统、公告广播系统、多功能会议系统、大屏幕显示系统、信息导引及发布系统、停车场管理系统、机房工程、智能照明控制系统、防雷及接地系统以及节能设计等。本工程总面积 148372 平方米，其中绿化面积 42500 平方米，景观铺装面积 16713 平方米，停车场面积 1428 平方米，种植乔灌木 2089 株，色块地被植物种植面积 8606 平方米，草皮面积 32190 平方米，黄土回填 3158 立方米。

本项目获得2014年度浙江省“优秀园林工程”银奖

申报单位：浙江跃龙园林建设有限公司
通讯地址：宁海县桃源街道兴工二路199号
邮政编码：315600
联系电话：0574—65588476

工程特点

本工程绿化种植采用多层次配置，乔木、灌木、草坪相结合，并适当点植香花色叶植物，创造植物群落的整体美。根据现有绿化及总体构思的要求，统一布局，分区配植。既考虑造景的需要，又借助植物分隔空间，将乔木灌木、常绿落叶、观花赏叶、针叶阔叶及树木高度、形态、物候期、季相等因素综合考虑，通过散植、丛植、片植、孤植、混植等不同的配置方式，力求创造疏密有致、高低错落、丰富多变的植物群落。

工程中景观小品是另一大亮点。景观小品依据不同的地形和位置精心布置，或木亭、或廊架、或水池，在这些不同的小品周围分别用不同的乡土树种，形态不一的乔木和灌木来点缀、造型，并充分利用石刻等表现手法，使景观小品既满足了以人为本、生态悠闲、幽静私密等功能要求，又富有小品的文化性和生命力。工程在局部区域采用通透、遮掩、半遮掩的乔木和灌木布置手法，使建筑物、小品在绿化的映衬下呈现出完美的一面，从而使建筑物、小品等有了动感、意境和内涵。

不同材质、规格、形式及精细的施工工艺使地面铺装衬托了建筑的活力及现代简约的风格，细部处理提供适宜人体尺度，丰富景观层次；多层次的景观元素塑造了道路环境的多元空间感。各种手法的特色铺装形式，使景观达到步移景异、路景变换的效果。

遗爱湖生态修复工程水韵荷香景区（一标段）

建设单位　黄冈市园林绿化管理局
设计单位　无锡市园林设计研究院有限公司
施工单位　博大环境集团有限公司
监理单位　江苏宁达工程建设监理有限公司
起止时间　2012 年 11 月 30 日至 2013 年 9 月 5 日
工程造价　3070 万元

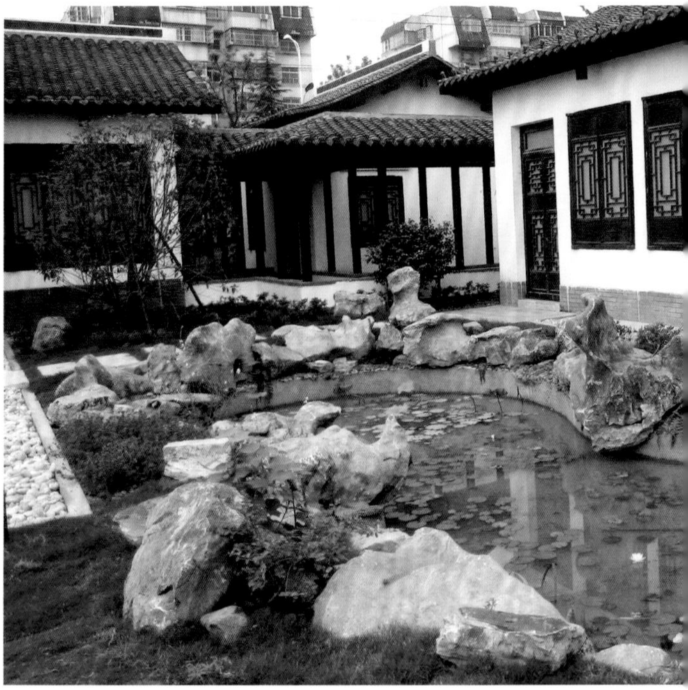

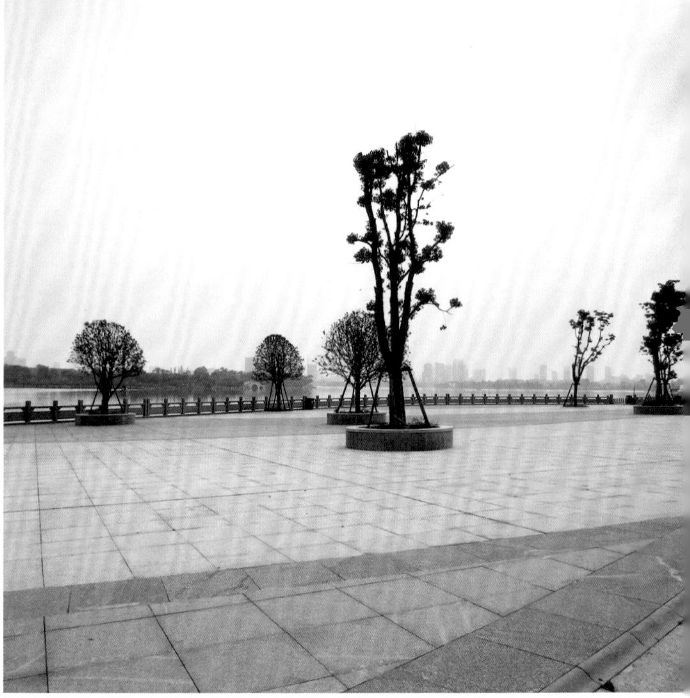

工程概况

遗爱湖生态修复工程水韵荷香景区（一标段）位于湖北省黄冈市，这块带状区域既是城市的次入口，也是景区与城市之间的过渡地带。该景区以荷花和湿生植物作为特色植物，以水韵广场为中心，北部连接大洲竹影景区，因沿路周边建筑效果差，采用水上森林、生态湿地等绿化形式进行遮挡处理；而向东通往幽兰芳径景区的路线既长且直，故工程沿湖结合绿化，筑亭、台、廊、榭以丰富岸线，满足市民休闲、娱乐等需求，使市民可以亲近自然，感受文化沉淀，同时也给游人提供了一个赏景休憩的停留点。工程由园建、水电、绿化三部分组成，项目占地面积 164000 平方米，绿化面积 42300 平方米。

本项目获得2014年度浙江省“优秀园林工程”银奖

申报单位：博大环境集团有限公司
通讯地址：新昌中国茶市D2幢2009室
邮政编码：312500
联系电话：0575—86228659

工程特点

本工程突出景区主题景观特色，根据总体规划的定位，突出水韵荷香的植物主题特色，并运用生态学的理论，完善景区内的生态结构，建立稳定的、高效的、生物多样性丰富的立地系统，与遗爱湖现有绿化形成良好的过渡与衔接，构成完整、科学的植物生态系统。

立足地域原有的地形地貌展开设计，应用本地物种资源和乡土树种重新构建本土化的植物群落，营造反映黄冈特色的植物群落。工程研究分析现有地貌特点，对鱼塘和河道等进行景观与功能的再造，建筑设施尽量利用现有基地条件，减少地形改造的工作量。

在保护生态环境，合理保留生态廊道和生态缓冲区的前提下，满足市民休闲、娱乐等需求，使市民可以亲近自然、感受文化沉淀。

主要景点：水韵广场：通过视线和功能分析，水韵广场是景区重要的集散空间，地处西湖三路的终点，为水韵荷香景区的中心部位。为了呼应黄梅戏大剧院，工程将水韵广场进行延伸拓展，使其成为大剧院滨湖景观功能广场。设计以“渗透”为理念，提取水波纹的元素在广场铺装上加以体现。通过水、绿地、广场的交融渗透，形成一个虚实结合的城市公共活动空间，与大剧院结合成为黄冈重要的城市形象次入口。三苏亭：建于水面之上，通过栈道与水韵广场相通，为纪念唐宋八大家的苏洵、苏轼、苏辙三父子而设，成为湖中观景点，同时也是水韵广场中的竖向标志景观。凝露亭、凝香亭、凝月廊：临水亭廊以及亲水栈道组合成为了湖滨商业街的文化主题前景，同时完善了湖滨商业街的休息服务设施功能，打破原规划下湖滨商业街的单调景观视线，为游人提供临水多层次的赏景空间。凝露亭、凝香亭、凝月廊的命名源自苏轼《莲》中“旋折荷花剥莲子，露为风味月为香”的诗句，一个“凝”字将荷花的气质、露水的风味和月色的清香串联了起来。迎仙亭：湖中原有小岛，在当地有“观音踏脚石”的传说，岛上原有建筑破损严重，难以修复，故新置一景观亭于岛上，取其神话寓意，命名为“迎仙亭”，成为湖中一处中间过渡景点。

嘉兴科技京城壹号街坊一期单体项目室外总体、景观绿化工程

建设单位 嘉兴科技京城高新技术产业区开发有限公司
设计单位 浙江利恩工程设计咨询有限公司
施工单位 杭州之江园林绿化艺术有限公司
监理单位 浙江禾城工程管理有限公司
起止时间 2013 年 3 月 8 日至 2014 年 1 月 2 日
工程造价 983 万元

工程概况

嘉兴科技京城壹号街坊一期单体项目室外总体、景观绿化工程位于嘉兴市秀洲大道以西、东升西路以北，基地呈不规则矩形（西侧边界为圆弧形），南北长 334 米，东西平均宽 250 米，为综合性绿化工程，绿化面积 4083 平方米。工程施工内容主要有土方造型、绿化种植、广场硬地铺岩、水电安装、景观喷泉建设等。

本项目获得2014年度浙江省“优秀园林工程”银奖

申报单位：杭州之江园林绿化艺术有限公司
通讯地址：杭州市滨江区浦沿新浦苑1号楼南四楼
邮政编码：310053
联系电话：0571—86610930

工程特点

作为嘉兴市秀洲新区坐拥秀湖水系湖景的现代企业科技园区，其总体规划思想围绕绿色、空气、阳光为主题的设计理念，并致力于打造一个强调精致建筑空间、特色景观亮点且具有北美国际风情的社区。工程设计在为满足现代办公区的功能要求的同时，满足景观绿化的环境要求，为住户提供功能和视觉兼具的和谐空间。

本工程在景观布局上采用较大尺度的景观标志构筑物、立体绿化景观、音乐喷泉水池、主题雕塑小品、色彩鲜艳的景观铺地以及利用建筑物作为美化亮化景观的载体，着重打造本项目的内在活力和城市形象。并适当地增加休闲和积聚空间，配以小尺度的景观座椅、花坛、树池、趣味雕塑、遮阳篷、叠水池等，在体现功能性景观小品的同时，也方便了人们停留憩息。沿地下车库周边的采光井增加竖向景观墙面、特色水帘、景观小品以及茂密的灌木等，达到小中见大、层层叠叠的空间意境，从而体现精致景观带来的无限魅力和温馨感觉。景观和植物搭配既能够立体观赏，又能够过滤尾气，成为设计亮点。在景观元素上，工程采用板岩铺地、景观木栈道等自然材料，辅以四季花木形成多彩的景观层次和静谧的景观空间。广场均运用花岗岩铺装，园路及其他铺装采用花岗岩、混凝土砖及鹅卵石材质；车行道以沥青铺装为主；除划线停车位以外，其他停车位均采用植草砖铺装。廊架配以紫藤等攀爬植物，给人以绿意盎然之感，营造出生态廊架效果。通过景观设计对区域合理分区，形成研发楼独享的半私密景观庭院与园区中心的半公共景观花园。

工程在绿化布置上共有四个原则，一是自然生态原则：运用自然群落的手法，使商业区内的植物与城市环境相融合，体现城市及地域特色。二是满足功能原则：绿化给场地提供遮阴，给建筑提供陪衬，减弱风速，减少噪音，陶冶情操。三是适地适树原则：根据客观的场地条件，树木的生态习性，选择适应当地气候、土壤、水分等条件，且易于管理的乡土树种进行种植。四是四季景异原则：根据建筑的空间关系，景点的转折关系，将植物的四季特征融入景观，使得四季都有植物上的亮点。

铜 优秀园林工程

恒晟御景湾花园样板区园林绿化工程

建设单位　浙江中新电力集团房地产有限公司

设计单位　中国美术学院风景建筑设计研究院

施工单位　杭州萧山江南园林工程有限公司

监理单位　浙江工程建设监理公司

起止时间　2012年2月1日至2014年1月15日

工程造价　1808.29万元

工程概况

恒晟御景湾花园样板区园林绿化工程位于杭州市萧山区，工程三面临河，即：北临萧绍运河，南临内官河，东临范家河，西面为规划道路。地理位置优越，项目用地面积54019平方米，建筑总面积138656平方米，其中地上建筑面积97243平方米，地下建筑面积40020平方米。整个小区由6幢高层建筑、10幢排屋以及沿规划道路布置的2幢各两层的商业裙楼组成。本工程主要内容包括施工范围内的所有道路、铺装、绿化、安装工程。工程面积大、分项内容多，大致划分为以下几个部分：土石方、铺装、园路、景墙、置石、水系驳岸、景观桥、旱汀步、木平台、景观亭、车库、电气、喷灌、绿化苗木种植。

本项目获得2014年度浙江省“优秀园林工程”铜奖

申报单位：杭州萧山江南园林工程有限公司
通讯地址：杭州市萧山区新街镇山末址村
邮政编码：311217
联系电话：0571—82614069

工程特点

本工程采用ABT3号生根粉。本型号生根粉对于常绿针叶树种及名贵难生根树种的快速生根、提高成活率具有明显效果。工程采用的保水剂可加强土壤的储水、保水能力，提高苗木的成活率。经过高温膨化，鸡粪中的病菌、虫卵可被杀死，使鸡粪成为高效安全的有机肥，然后浇水施肥，确保苗木对水分及营养的需求。在特别干旱贫瘠的种植面上，使用新型高效缓释肥，可有效避免使用速效有机肥对苗木造成的伤害，又能避免土壤板结，促进苗木健壮生长。采用新技术措施，提高苗木成活率。使用挖掘机和人工相结合的办法挖树穴，既提高了工作效率又加大了树穴蓄水能力。提高了苗木的抗旱能力。在冬季苗木栽植完毕、灌两遍透水后，及时封穴，并用地膜覆盖树穴，既提高地温又减少根部的水分蒸发，减少了植物由于生理性干旱所造成的死亡，有效提高苗木的成活率。由于本地区进入冬季后风力较大，为避免树木倾斜倒伏，工程在风口处设置风障，进而提高苗木成活率。由于夏季雨水较多，因此施工时在苗木的四周设置排水沟和围堰，以防苗木被涝。在冬季，对树干用湿草绳缠绕后，外面再覆一层地膜，既保温，又保湿，可有效提高苗木的成活率。抽枝宝是当前果树栽培中最新的技术成果，特别是对较名贵但又抽枝困难的苗木，有明显的促枝效果，在园林的树木移植中也可使用。

铜
优秀园林工程

华克公寓室外环境景观工程

建设单位 杭州天府房地产开发有限公司
设计单位 杭州泛澳景观规划设计有限公司
施工单位 杭州加列市政园林有限公司
监理单位 湖北中南工程建设监理公司
起止时间 2012 年 9 月 15 日至 2012 年 10 月 8 日
工程造价 541.97 万元

工程概况

华克公寓室外环境景观工程位于杭州市萧山区义蓬街道华克公寓小区，工程项目中，种植大乔木 214 株，种植灌木 772 株，色块植物面积为 5160 平方米。工程主要施工内容包括绿地种植及养护等，包括填土、土地平整、深化采购、种植、保湿、保养等一系列园林工程。

本项目获得 2014 年度浙江省“优秀园林工程”铜奖

申报单位：杭州加列市政园林有限公司
通讯地址：杭州市萧山区新街镇同兴村
邮政编码：311217
联系电话：0571—82697899

工程特点

本工程以浓郁的人文精髓为主题，通过对萧山区义蓬街道深厚的历史文化和城市历史风貌的解读、消化、吸收，形成具有地域特色的景观区。结合历史文化发展，运用地区的历史传统建筑元素，结合地形加以科学合理的组合和连接，再现萧山义蓬历史风貌特色，将生动的历史典故赋予每个景观，给人以“似曾相识”的历史文化感。

宁波市包家河公园工程

建设单位　宁波市园林管理局

设计单位　浙江农林大学园林设计院有限公司

施工单位　宁波市园林工程有限公司

监理单位　青岛东方监理有限公司

起止时间　2012年9月1日至2012年12月9日

工程造价　845.47万元

工程概况

宁波市包家河公园工程位于宁波市海曙区望村监狱以东，包家河路以西，南邻宋家漕，北靠徐家漕路。工程建设规模18000平方米。工程主要内容有地形改造、绿化种植、部分景点建筑、园路广场铺装、园林小品、挡墙、驳岸及河道清淤、给排水、供电照明等。

本项目获得2014年度浙江省“优秀园林工程”铜奖

申报单位：宁波市园林工程有限公司
通讯地址：宁波市江东区中山东路705号
邮政编码：315010
联系电话：0574—87701663

工程特点

宁波市包家河公园工程是2012年度宁波市海曙区重点工程项目之一，这里曾经是一片乱石堆集、杂草丛生的荒芜之地，现在一改往日景象，并依水筑园，建起了宁波市又一座亲水型公园。

宁波市包家河公园充分利用现有的地形特征和基地条件，以“依水筑园”为设计主题，河流生态重建为基础，滨河人性空间为纽带，在设计中将城市水系管理、乡土生物保护、居民日常休憩活动有机地结合起来，依托河道水系，建成“水清、地绿、景美、宜人”的城市滨河公园。

公园借鉴了传统中国画山水长卷的做法，根据现状把包家河公园景观分成绿屿听风、包河流青、春晖遗韵、城西荷香四大区。其中“绿屿听风”位于公园的最南端，是人流主要的聚散场所，此区自北向南设置儿童活动区、滨河林下空间、休闲广场、露天剧场四个节点，是整个公园景观层次最丰富、最美的地方；“包河流青”位于公园的中部，是公园中心入口处春晖遗韵景区的延伸，主要包括荷花种植池、经幢、黄金间碧玉竹林等景观节点；“春晖遗韵”位于公园的中部，是公园的中心入口区域，主要包括鸢尾池、古榆树、雨水花园、春晖亭等景点；“城西荷香”位于公园的最北端，是整个公园景观序列的起点，主要包括河埠头、“采莲曲”地刻、入口广场、园记碑等景点。与此同时公园采用形式多样的自然驳岸，在滨水带种植大量湿生、水生植物群落，采用植物吸附等手段改善水质，重建河道自然生态系统。

公园在植物配置上，将通过种植乡土植物群落重建生态系统，全园以银杏、香樟、碧桃、桂花、白玉兰等为主景树种，以水杉、鸡爪槭、杜鹃为基调树种。根据各区特点，分植四季花木，树种选择上遵循适地适树原则，注重地下水位高度对植物的影响。而滨水植物种植则以睡莲、荷花为主，适当种植水生鸢尾、菖蒲，湿生、水生植物相互搭配，有助于形成良好的滨水生态群落。

铜
优秀园林工程

通途路（鄞州—骆霞线）沿线绿化景观工程Ⅰ标段

建设单位　宁波市北仑区建筑工务局
设计单位　宁波市城建设计研究院有限公司
施工单位　宁波市花园园林建设有限公司
监理单位　宁波诚建监理咨询有限公司
起止时间　2012 年 3 月 17 日至 2012 年 10 月 13 日
工程造价　1462.1 万元

工程概况

通途路（鄞州—骆霞线）沿线绿化景观工程Ⅰ标段位于宁波市北仑区通途路。其施工包括桩号 K1+663.5—K6+800 及 K7+400—K8+080 路段的绿化景观、园路铺装。绿化面积 187000 平方米。本工程已荣获 2012 年度浙江省园林绿化工程安全文明施工标准化工地的称号；2013 年度宁波市“茶花杯”园林绿化优质奖。

本项目获得 2014 年度浙江省“优秀园林工程”铜奖

申报单位：宁波市花园园林建设有限公司
通讯地址：宁波市科技园区清水桥路 21 号
邮政编码：315012
联系电话：0574—87452758

工程特点

在施工过程中特别注重地形改造、植物配置及道路的铺装。在地形改造时，放样要求精确，造型力求大气、自然起伏、线条柔和，局部复杂地形，经多方共同探讨，多次进行修改调整，使景观效果更加生动、自然、美观。在植物配置方面，选苗上采用了植株姿态优美、长势良好、根系发达的苗木，主要以乡土树种为主。种植时，放样位置准确，采用行道树、丛植、林带、群植、草地等手法，科学合理栽植乔木、灌木及地被植物，同时在苗木种植的回填土中加入按适当比例配置的营养土，并覆盖良好的表土，确保苗木健康成长。在铺装工程中，铺装质量平整稳定，放坡正确，缝隙大小均匀，灌缝基本饱满，无翘裂、无明显积水现象，满足施工规范要求。

铜

优秀园林工程

新城长峙岛东环一路东环二路道路绿化工程

建设单位　舟山市临城新区开发建设有限公司

设计单位　舟山市规划建筑设计研究院

施工单位　舟山市木林森园林工程有限公司

监理单位　浙江工程建设监理公司

起止时间　2012 年 5 月 29 日至 2013 年 4 月 17 日

工程造价　774.81 万元

工程概况

新城长峙岛东环一路东环二路道路绿化工程位于舟山市临城新区长峙岛。新城长峙岛东环一路东环二路道路绿化工程的总绿化面积 27829 平方米。工程范围主要包括苗木供应、苗木种植、种植土回填及平整和两年养护。本工程具体绿化植物主要乔木有香樟、木麻黄、中山杉、盘槐、女贞、红楠、沙朴、乌桕、新木姜子、铁冬青、日本晚樱、四季桂、红枫等；灌木主要有海滨木槿、紫薇、红花檵木球、海桐球、无刺枸骨球等。

本项目获得2014年度浙江省“优秀园林工程” 铜奖

申报单位：舟山市木林森园林工程有限公司
通讯地址：舟山市新城商会大厦A座1901
邮政编码：316021
联系电话：0580—2083119

工程特点

为保证整体绿化工程达到预期的设计，在选择树木和苗木时，首先对其规格、树形和冠幅等关键要素进行把关。同时为了保证树木和苗木的成活率，在所有树木和苗木起挖的过程中，对土球规格、土球的打包等过程严格把好质量关，并保证当日运到现场、当日种植。在种植过程中，重点对种植穴的开挖、黄土的回填、浇水保湿等工序严格把关，按规范程序施工。在各小景点中，精心挑选特殊造型的苗木进行配置，整个道路景观植物搭配相宜，高低错落、疏密有致，常绿灌木与花灌木比例协调，在保证观赏性的基础上也兼顾到冬季的绿化表现，形成四季有景、三季有花的植物景观。

新城长峙岛东环一路东环二路道路绿化工程达到整洁、整齐、美观的绿化效果，视觉流畅，风格、色彩、造型相互协调，为浙江海洋学院迁建工程的建设增加了一道靓丽的风采。

湖州市交通枢纽建设有限公司铁路湖州南站站前广场景观绿化、市政工程

建设单位　湖州市交通枢纽建设有限公司

设计单位　上海市政工程设计研究总院集团有限公司

施工单位　湖州园林绿化有限公司

监理单位　中国华西工程设计建设有限公司

起止时间　2012 年 11 月 8 日至 2013 年 12 月 25 日

工程造价　3978.13 万元

工程概况

湖州市交通枢纽建设有限公司铁路湖州南站站前广场景观绿化、市政工程位于湖州火车南站东侧，建设规模 60000 平方米，其中绿化面积 30000 平方米，铺装面积 32900 平方米。工程范围为湖州南站站前广场景观绿化工程、新开河景观绿化工程、道路绿化工程、广场地基处理工程、给排水工程和通讯管道工程等。

工程特点

该工程场地造型注重与周边环境及设计相吻合，地形曲线自然和顺，形态柔和，排水顺畅。铺装防线准确、平整，无明显色差，采用伸缩缝排水工艺有很好的借鉴意义。工程绿化品种多样，大乔木冠形完整，主要采用的乔木类树种为香樟、榉树、桂花、垂柳等；灌木类有春鹃、金丝桃、红花檵木、茶梅等。

本项目获得2014年度浙江省“优秀园林工程”铜奖

申报单位：湖州园林绿化有限公司
通讯地址：湖州市莲花庄路108号
邮政编码：313000
联系电话：0572—2189282

久立工业园配套绿化工程

建设单位　浙江久立特材科技股份有限公司
设计单位　湖州园林规划设计有限公司
施工单位　浙江嘉年华园林建设有限公司
监理单位　浙江东南建设管理有限公司
起止时间　2013 年 2 月 25 日至 2013 年 7 月 30 日
工程造价　525.32 万元

工程概况

久立工业园配套绿化工程位于湖州八里店久立工业园，工程面积 65405 平方米，工程内容包括图纸范围内的绿化工程，包括景观喷泉系统、市政给排水、景观标识牌等。

本项目获得 2014 年度浙江省“优秀园林工程”铜奖

申报单位：浙江嘉年华园林建设有限公司
通讯地址：湖州市红丰西路 1388 号 嘉年华国际商务广场 C 座 29 楼
邮政编码：313000
联系电话：0572—2061951

工程特点

湖州久立工业园配套绿化工程，是在符合现代绿化景观效果要求的前提下，营造一种亲近舒坦、努力奋发、蓬勃向上的现代企业氛围的环境。对改善园区生态环境，打造园区形象，增强吸引力，发展服务业，提高增长点，特别是创造良好的投资环境，起到了非常重要的作用。

在园内绿化的基础上，结合实际情况以及现代景观效果的要求，依据“突出每个点，美化整个面”的原则，根据苗木的生态习性和观赏价值，合理配置，适地适树，确保了四季常绿，三季花开的美丽景观。

植物种植上遵循贴近自然的风格，修剪时打破常规式造型，植物栽植采用自然式栽植。水陆交界处的植物种植错落有致，实现了自然过渡，更贴近自然生长的景观效果。

桐乡凤鸣广场及凤鸣公园提升工程

建设单位　桐乡市公益事业建设投资集团有限公司
设计单位　杭州绿风园林景观设计研究院有限公司
施工单位　大陆交通建设集团有限公司
监理单位　浙江东南建设管理有限公司
起止时间　2013 年 4 月 3 日至 2013 年 7 月 28 日
工程造价　978 万元

工程概况

桐乡凤鸣广场及凤鸣公园提升工程位于桐乡市梧桐街道，绿化施工总面积 27441 平方米。建筑部分总面积 159 平方米：其中厕所建筑面积 85 平方米；公厕二建筑面积 74 平方米。市政部分有入口场地铺砖、牌坊；健身场地铺砖、廊架；园路、宝塔台基、人行道、石桥、排水管网及雨水管冈等。工程荣获 2014 年嘉兴市“南湖杯”园林绿化建设优质工程奖。

本项目获得 2014 年度浙江省“优秀园林工程”铜奖

申报单位：大陆交通建设集团有限公司
通讯地址：嘉兴市南湖区城南路 486 号
邮政编码：314001
联系电话：0573—83640333

工程特点

厕所、公厕二屋面为坡屋面；棂条窗、仿古窗、木板门、仿古门等；防滑地砖地面、方砖地面、凝灰岩地面等；外墙涂料外墙面；水泥砂浆内墙面；市政工程包括入口场地铺装、牌坊，健身场地铺装，廊架，园路，宝塔台基，人行道，石桥，栈道，亲水平台等项目；排水管网工程设计雨水管管径 D200、D300、D400，管线总长 1741 米；设计溢流管管径 D110，管线总长 27 米；设计污水管管径 D300，管线总长 185.65 米。雨水检查流槽井采用直径 700 毫米的圆形砖砌雨水检查井，污水检查流槽井采用直径 700 毫米的圆形砖砌污水检查井；井盖、座采用直径 700 毫米的铸铁井盖座；雨水口采用平箅式雨水口，雨水箅子及井圈采用铸铁材料。雨水管、污水管开槽埋管均采用 UPVC 加筋管，弹性密封圈柔性接口，采用 C15 砼护管基础，良质土回填。

海宁大道绿化提升改造（盐湖线——长山河）工程Ⅰ标

建设单位　海宁市园林市政局

设计单位　中国美术学院风景建筑设计研究院

施工单位　浙江东海岸园艺有限公司

监理单位　浙江省省直建设工程监理有限公司

起止时间　2012年8月24日至2013年1月18日

工程造价　513.54万元

工程概况

海宁大道绿化提升改造（盐湖线—长山河）工程Ⅰ标位于海宁市海宁大道（盐湖线—长山河）东侧。本工程北起盐湖线，南至长山河港，改造总长度1575米，包括东侧30米绿化带及东侧10米拓宽未实施的部分。绿地改造面积53831平方米。工程内容主要包含绿地土方整理，土方加填、推土、造型，苗木种植及养护。工程荣获2014年嘉兴市“南湖杯”园林绿化建设优质工程奖。

本项目获得2014年度浙江省"优秀园林工程"铜奖

申报单位：浙江东海岸园艺有限公司
通讯地址：海宁市联合路411号
邮政编码：314400
联系电话：0573—87220858

工程特点

工程项目部投入了足够的推土机、挖掘机等机械设备，至2012年10月中旬，先后完成了绿地的土方回填、推土、造型，土方整理等工作。期间投入大量人工，对绿地内所有窨井进行了加高处理；施用了大量的干猪粪、泥炭土等，对所有绿化土壤进行了细耕改良。绿化苗木的种植工作按照先乔木、后灌木、再草坪的顺序，根据工程量及施工进度要求，合理安排施工人员进行绿化种植，景石的安置工作也同期进行。

华盛嘉苑室外附属及绿化景观工程

建设单位　海宁市房地产开发有限公司
设计单位　北京冠亚伟业民用建筑设计有限公司
施工单位　浙江鸿翔园林绿化工程有限公司
监理单位　杭州广厦建筑监理有限公司
起止时间　2012 年 03 月 06 日至 2012 年 10 月 16 日
工程造价　704.5 万元

工程概况

华盛嘉苑室外附属及绿化景观工程位于海宁市海洲街道文宗路西侧丁桥港北侧，占地面积 16500 平方米，工程内容包括土方、道路、铺装、小品、景墙、木桥、景亭、花架、凉亭、雨污水排水管道、室外电气路灯、室外绿地给水、室外生活给水、消防给水、绿化工程等。工程主要包括如下分项工程：绿化工程：乔灌木主要有广玉兰、无患子、合欢、银杏、红花继木球、毛鹃球、无刺枸骨球等；色带主要有金丝桃、金边黄杨、红叶石楠、花叶美人蕉等；水生植物主要有睡莲、荷花、花叶水葱等。园林景观工程主要包括铺装、小品、景墙、木桥、景亭、花架、凉亭等，以及由此引起的土方开挖、回填等。室外附属工程：包括道路、雨污水排水管道等，以及由此引起的土方开挖、回填等。安装工程：主要包括室外电气路灯、室外绿地给水、室外生活给水、消防给水及由此引起的土方开挖和回填等。工程荣获 2014 年度嘉兴市“南湖杯”园林绿化建设优质工程奖。

本项目获得 2014 年度浙江省“优秀园林工程”铜奖

申报单位：浙江鸿翔园林绿化工程有限公司
通讯地址：海宁市联合路 18 号鸿翔大厦 7 楼
邮政编码：314400
联系电话：0573—87241202

工程特点

本工程施工工期较短，因此在施工过程中要提前做好施工部署，协调安排，密切配合。以简洁、大方、美化环境为原则，利用丰富多彩的植物材料，使环境具有丰富的变化，增加水系，建立人工与自然、规划与自由和谐共生的空间体系，打造清新、宁静和谐舒适的景观。一是充分发挥效益，满足小区居住要求创造一个幽静的环境；二是以乡土树种为主，选用一些本地区欣赏性和适应性都较强的树种；三是小区之中道路和各小园路力求通顺，流畅方便，实用及美观。工程景点多而精致，局部工艺要求复杂，综合性较强。土方造型线条流畅，结合自然，铺地与绿化紧密结合，效果自然贴切。

铜

优秀园林工程

浙江嘉善金地家园（49号地块）景观绿化工程

建设单位　嘉善中盈房地产开发有限公司

设计单位　浙江中房建筑设计研究院有限公司

施工单位　浙江东博建设有限公司

监理单位　浙江鹏大工程管理有限公司

起止时间　2013年5月1日至2013年11月5日

工程造价　1252.8万元

工程概况

浙江嘉善金地家园（49号地块）景观绿化工程位于嘉善县罗星街道车站南路（近世纪大道）。工程绿地面积11057平方米，水系面积732平方米，硬质景观面积11000平方米。工程施工内容包括园路（面层、基层）、汀步、水景、水系、六角亭、木桥、石桥、景墙、景观廊架，1号、2号、3号、5号架空层景观区、地下车库出入口、地下车库人行出入口、小区主入口景观区、停车位、进户入口标准样式（1~7号）、儿童活动区域、装饰灯柱、路缘石、喷泉水池、滚水坝、块石驳岸、树池等景观工程，以及苗木的购买、运输、种植，苗木一年养护期等绿化工程。

本项目获得 2014 年度浙江省“优秀园林工程”铜奖

申报单位：浙江东博建设有限公司
通讯地址：嘉善县干窑镇叶新路 88 号 118 室
邮政编码：314100
联系电话：0573—84212835

工程特点

本小区为景观绿化工程，有着与环境、文化紧密结合，生态节能，造型优美，注重观景与景观和谐等多种特征，详尽的建筑、规划、景观设计等多方面因素良好结合，创造了一个环境优美、功能齐全、四季分明的生活环境。

东港三路（滨港路—芳桂中路）、东港三路与百灵路交叉口节点环境提升工程

建设单位　浙江汇盛投资集团有限公司

设计单位　浙江大学建筑设计研究院有限公司

施工单位　浙江新禾景观工程有限公司

监理单位　浙江联达工程项目管理有限公司

起止时间　2013 年 5 月 3 日至 2013 年 12 月 20 日

工程造价　1683.08 万元

工程概况

东港三路（滨港路—芳桂中路）、东港三路与百灵路交叉口节点环境提升工程位于衢州市东港三路、东港三路与百灵路交叉口。工程内容设计范围内的绿化改造、道路侧石与人行道改造、道路重要节点的景观设计及亮化工程、植物景观改造等，总改造面积 80000 平方米，其中硬质景观面积 20000 平方米，绿化面积 60000 平方米。

本项目获得2014年度浙江省“优秀园林工程”铜奖

申报单位：浙江新禾景观工程有限公司
通讯地址：衢州市南湖东路1幢901室
邮政编码：324000
联系电话：0570—3852298

工程特点

东港三路（滨港路—芳桂中路）、东港三路与百灵路交叉口节点环境提升工程为2013年衢州绿色产业集聚区“3346”工程的主要道路环境提升工程之一。

本工程景观绿化苗木主要分线植和片植，线植以乔木黄山栾树、彩叶树种红叶李和观花植物紫荆为主的行道树结合色块苗木形式，整齐排列在道路两侧，片植结合部分交叉口节点景观小品，组织乔木、亚乔木、灌木等打造一个个优美的小环境，并在沿线挡土墙处混植中华常春藤、凌霄、爬墙虎、扶芳藤等爬藤植物，给集聚区增添了自然和谐的景观效果。

铜

优秀园林工程

温州浅滩一期建设开发用海区填筑工程六标段（临时排水河道开挖）

建设单位 温州港城发展有限公司

设计单位 杭州水利水电勘测设计院有限公司

施工单位 浙江中瓯园林建设有限公司

监理单位 福建升恒建设集团有限公司

起止时间 2012 年 4 月 30 日至 2013 年 9 月 20 日

工程造价 4018.01 万

工程概况

温州浅滩一期建设开发用海区填筑工程六标段（临时排水河道开挖），属温州浅滩一期建设开发用海区填筑工程的一部分。根据《温州半岛西片区防洪规划报告》和《温州市半岛起步区控制性详细规划》的要求，结合工程区临时排水需要，工程区填筑前需开挖纵一河、岛二河、岛三河、纬三河、南环堤河、半居河共 6 条临时排水河道，河道总长 11222 米。河道规模与规划河道相结合，满足排涝要求，临时排水河道断面形式为斜坡式，按整体施工要求，确定坡度为 1 ∶ 3.5，河道冲挖高程 0.0 米。河道两侧预留河道挡墙和河滨绿化带空间，以便于永久河道护岸和景观绿化施工。

本项目获得 2014 年度浙江省“优秀园林工程”铜奖

申报单位：浙江中瓯园林建设有限公司
通讯地址：杭州市上城区环城东路 23-5 号（横河商贸大厦）六楼
邮政编码：310009
联系电话：0571—87247130

工程特点

纵一河长度 3054.888 米，河口宽度 50 米，河底宽度 26.2～34.1 米；岛二河长度 2111.32 米，河口宽度 85 米，河底宽度 61.2 米；岛三河长度 2108.51 米，河口宽度 30 米，河底宽度 6 米；纬三河长度 928.4 米，河口宽度 15 米，河口宽度 0.6～16.7 米；南环堤河长度 2136.92 米，河口宽度 55 米，河底宽度 31.2 米；半居河长度 881.54 米，河口宽度 30 米，河底宽度 13.2 米；临时河道疏浚土方 29186.50 立方米，土方开挖冲挖总量为 2106927 立方米。临时道路与临时河道排水埋设 DN730 钢管总长 535 米。

工程填筑区临时河道地质情况：2.5 米高程以上为素填土，0.0 米高程以上为淤泥质黏土。岛二河、岛三河、纵一河、纬三河、南环堤河、半居河河道 3.4 米以上土方采用机械开挖，3.4 米以下采用水利冲挖。

施工工序先进行临时河道开挖，然后进行工程区填筑，以便有效地排出工程区养殖池塘水体。通过时现状河道进行疏浚、贯通、拓宽等处理，以便更有效地排出水体。

台州水厂绿化景观工程

建设单位　台州市二期供水工程建设总指挥部
设计单位　浙江省工业设计研究院
施工单位　浙江省台州市园林绿化工程有限公司
监理单位　上海建通工程建设有限公司
起止时间　2009 年 3 月 10 日至 2010 年 7 月 30 日
工程造价　2279 万元

工程概况

台州水厂绿化景观工程位于台州市路桥区螺洋路 18 号，工程占地面积 201306 平方米，其中园路、铺装面积 13050 平方米，绿化面积 179000 平方米，人工湖面积 7800 平方米。工程内容主要包括景观工程（园路、亭、桥、花架、亲水平台、塑石假山、浮雕景墙、卵石滩、篮球场、门卫室、围墙、人工湖）、给排水工程（园路排水、绿化浇灌自动喷灌系统、假山叠水）、厂区照明工程、绿化工程等。

本项目获得2014年度浙江省“优秀园林工程”铜奖

申报单位：浙江省台州市园林绿化工程有限公司
通讯地址：台州市路桥区新安西街565-1
邮政编码：318050
联系电话：0576—82596005

工程特点

本工程有大量的甲供树种，由甲方的多处大树苗圃及黄岩泵站改造移植而来，品种多、规格杂，工程因地制宜做好了植物的合理搭配。

工程占地面积大，为节省费用，整个工程未外购种植土，均系厂区内调整，要求施工人员提前确认需要填方、挖方的区域，结合人工湖开挖，做到土方一次到位。对多处挖方处，因势利导做地形起伏。

工程铺装面积大，材质品种、规格、形式多，有花岗岩广场、透水砖园路、木塑平台、鹅卵石汀步、小鹅卵石自然园路等，各种手法的特色铺装形式，达到步移景异、路景变换的效果。

本工程在施工中根据小品种类的特点，合理搭配。精雕细琢让小品的整体风格与整个景观相协调，起到相互衬托的作用。如浮雕景墙结合水的历史，放置于入口处，效果很好。

植物配置上，工程将乔灌木、草合理搭配，充分运用色叶树种，兼顾四季常青、三季有花、二季有果、一季变叶的景观效果，重点区域、特色配置。在各主要节点配置各类植物配石组合，如苏铁组合、景石与盆景组合等，个别区域组团栽植，如果树园区、热带园区等。

六安市河西景观带休闲健身区景观、绿化工程

建设单位 六安市城市重点工程建设管理办公室

设计单位 上海易园景观设计有限公司

施工单位 宁波市鄞州园林市政建设有限公司

监理单位 连云港昊达工程建设监理公司

起止时间 2009 年 12 月 1 日至 2011 年 10 月 28 日

工程造价 4813.29 万元

工程概况

六安市河西景观带休闲健身区景观、绿化工程位于安徽省六安市，西起都会区，东与橡胶中坝相邻，全长 1700 米，总建设面积 45900 平方米。工程主要包括景观、绿化工程。景观铺装部分：主要完成土石方开挖 50000 立方米，场地铺装面积 10560 平方米，公厕 2 座，淋浴房 6 座，沙滩浴场 91000 平方米，沙滩手球场 1800 平方米，足球场 7500 平方米，篮球场 3700 平方米，网球场 2700 平方米。绿化部分：绿化面积 13284 平方米，回填种植土 19300 立方米，其中种植乔灌木 9000 株，竹类 4500 株，色块小苗 21000 平方米，草坪 13000 平方米。

本项目获得 2014 年度浙江省“优秀园林工程”铜奖

申报单位：宁波市鄞州园林市政建设有限公司
通讯地址：宁波市鄞州区日丽中路 579 号布利杰大厦 9 楼
邮政编码：315192
联系电话：0574—28868909

工程特点

本工程主要的重点是人工沙滩浴场的施工，浴场总面积达 91000 平方米。人工沙滩浴场的填筑工程，部分采用水利冲挖机组吹填施工，它克服了机械碾压的不利条件，各个施工断面可同时展开。施工方便、灵活便捷、吹填速度快、成型迅速，可昼夜施工，不受阴雨天气的影响，工期易保证。

铜
优秀园林工程

扁担河中央公园段环境景观及安装工程

建设单位　芜湖市重点工程建设管理局
设计单位　北京东方利禾景观设计有限公司
施工单位　汇绿园林建设股份有限公司
监理单位　广东建设工程监理有限公司
起止时间　2011 年 1 月 6 日至 2012 年 4 月 18 日
工程造价　3830.4 万元

工程概况

扁担河中央公园段环境景观及安装工程位于安徽省芜湖市城东区扁担河两岸，为中央公园及其延长段，其景观绿化面积 296700 平方米。中央公园向扁担河方向的一个延伸，是整个新区最重要的景观轴线及行政轴线。工程范围主要包括绿化工程、景观工程、道路工程、驳岸工程、广场工程等内容。

本项目获得2014年度浙江省“优秀园林工程”铜奖

申报单位：汇绿园林建设股份有限公司
通讯地址：宁波市北仑区长江路1078号好时光大厦15、17、18楼
邮政编码：315800
联系电话：0574—55222504

工程特点

本项目扩大了扁担河处的水面面积，将水引入中央公园，同时中心留有特色湖心岛，整体形成有机的滨水景观序列，主要的休息空间沿河道两侧及湖心岛布置，其他地方以大面积的绿地为主，增加了区段的景观品质。沿水岸的景观步道、阶梯式景墙、座椅、水景喷泉、特色雕塑等，形成了简洁大气的滨水文化景观区。

贡湖湾湿地一期工程2标段

建设单位　无锡市太湖新城建设指挥部办公室
设计单位　无锡市园林设计研究院有限公司
施工单位　浙江天堂市政景观工程有限公司
监理单位　无锡市市政建设咨询监理有限公司
起止时间　2010年5月28日至2011年10月12日
工程造价　2341.34万元

工程概况

贡湖湾湿地一期工程2标段位于江苏省无锡市环太湖高速华庄入口，红周路范围内，施工总面积86400平方米。施工内容包括园区道路、绿化种植、硬地铺装、单体小品、桥梁、茶室、观景平台、土方工程等，属于综合园林市政工程。

本项日获得 2014 年度浙江省“优秀园林工程”铜奖

申报单位：浙江天堂市政景观工程有限公司
通讯地址：杭州市西湖区转塘贤家庄 141 号
邮政编码：310024
联系电话：0571—56101007

工程特点

本工程的设计以人为本，以水为源，以诗情画意为主线，设计时考虑到周边分布有四个水厂，项目建成后具有生态修复、净化水质、隔离屏障等多种功能。其中分为还湖生态湿地和陆地面，实施的主要目标是在上游生态净化的基础上，进一步消减河道入湖水质污染物的含量，构筑具有生物多样性的生态系统；通过建设水上森林区、生态植物展示区、生态栖息保护区、湖中观景区、水循环区，提供人与自然亲密接触的和谐交流平台。该项目的实施，不仅增添了太湖岸线的景观，也将为湿地建设提供新的范本，并可为后期治太研究基地提供技术支撑。

工程在设计之初考虑到与周边环境相协调，还原生态，在种植上大量采用香樟、桂花、乐昌含笑、胡柚、白玉兰、水杉、广玉兰、山茶、无患子、乌桕、红叶李等近 80 种乔木和灌木。利用乔木和灌木合理搭配，形成了层次分明、错落有致的立体绿化景观效果，增强了观赏性；工程同时还修建了廊架，摆放了景石，建设了竹林、溪流、瀑布、木栈道、喷泉等，增添了生活情趣，突出了人文特色。

作为城市公园的建设，当然不能仅仅种点树，展示点水面。湖滨公园概念性规划建议要分段细化、优化功能，部分区域将形成吸引和集聚人气的功能区，如酒店区、餐饮区、体育运动区、城市广场、观景台等。从西到东初步规划设置 10 个商业服务设施节点，以及沙渚生态公园、南泉湿地公园、贡湖湾城市公园、月亮湾休闲公园等四个公园。开辟的外太湖水上游线还将与太湖新城内部的长广溪、尚贤河、蠡河三条轴线贯通起来，让游客一路尽情欣赏水上画廊。临湖不见湖，是亲水者的遗憾，湖滨公园规划在高速公路北侧通过地形设计，形成三处可远眺太湖的制高点，大堤靠太湖一层绿化高度将适当降低，形成开敞的视线，并结合芦苇荡景观设置进入式木栈桥及亲水平台。工程建成后，以优美的绿化景观、鲜明的文化特色、错落有致的休闲场所、优良的建设质量受到了各方面的赞扬，成为了无锡市一处精品工程，并为当地市民提供了一个休闲娱乐的好去处。

责任编辑　卞际平
装帧设计　任惠安
责任校对　朱晓波
责任印制　朱圣学

策　　划　章克强
封面摄影　周伟国

图书在版编目（CIP）数据

2014年度浙江省优秀园林工程获奖项目集锦 / 浙江省风景园林学会编. -- 杭州 : 浙江摄影出版社, 2014.12

ISBN 978-7-5514-0837-0

Ⅰ. ①2… Ⅱ. ①浙… Ⅲ. ①园林设计－作品集－浙江省－现代 Ⅳ. ①TU986.2

中国版本图书馆CIP数据核字(2014)第290763号

2014年度浙江省
优秀园林工程获奖项目集锦

浙江省风景园林学会　编

全国百佳图书出版单位
浙江摄影出版社出版发行
　　(杭州市体育场路347号　邮编：310006)
　　电 话　0571—88169392
　　网 址　http://www.photo.zjcb.com
经 销　全国新华书店
制 版　杭州美虹电脑设计有限公司
印 刷　浙江影天印业有限公司
开 本　889×1194　1/16
印 张　35.75
2014年12月第1版　2014年12月第1次印刷
ISBN　978-7-5514-0837-0
定 价　450.00元